国家新闻出版改革发展项目库入库项目

高等职业院校信息通信类规划教材

5G 移动通信技术

杨燕玲 林 明 司徒毅 编著

北京邮电大学出版社
www.buptpress.com

内 容 简 介

　　本书以移动通信技术理论学习为主要目标,全面系统地介绍了 5G 的基本概念、移动通信的基本原理、5G 关键技术以及网络架构、5G 网络结构和网络建设运营中的人工智能技术应用等方面的内容。通过本书的学习,读者不仅可以掌握移动通信的基本知识,还可以建立清晰而完整的移动通信网络体系框架,理解新时代 5G 和人工智能互相促进、互为补充的关系,建立下一代移动通信系统的知识图谱。

图书在版编目(CIP)数据

5G 移动通信技术 / 杨燕玲,林明,司徒毅编著. -- 北京:北京邮电大学出版社,2021.1(2023.7 重印)
ISBN 978-7-5635-6323-4

Ⅰ. ①5… Ⅱ. ①杨… ②林… ③司… Ⅲ. ①无线电通信—移动通信—通信技术 Ⅳ. ①TN929.5

中国版本图书馆 CIP 数据核字(2021)第 014112 号

策划编辑:马晓仟　　责任编辑:刘春棠　　封面设计:七星博纳

出版发行:北京邮电大学出版社
社　　　址:北京市海淀区西土城路 10 号
邮政编码:100876
发 行 部:电话:010-62282185　传真:010-62283578
E-mail:publish@bupt.edu.cn
经　　　销:各地新华书店
印　　　刷:保定市中画美凯印刷有限公司
开　　　本:787 mm×1 092 mm　1/16
印　　　张:11.5
字　　　数:302 千字
版　　　次:2021 年 1 月第 1 版
印　　　次:2023 年 7 月第 2 次印刷

ISBN 978-7-5635-6323-4　　　　　　　　　　　　　　　　定价:32.00 元

前　言

在过去的半个世纪中,移动通信的发展对人们的生活、生产、工作、娱乐乃至政治、经济和文化都产生了深刻的影响。移动通信技术使通信摆脱了电话线的束缚,满足了人们随时随地进行通信的需求,为人们的生产生活提供了多种灵活的通信方式。人们对移动通信业务的需求从最初的语音通信逐步发展到高速多媒体通信,推动了移动通信技术第一代、第二代、第三代、第四代的发展,目前,第五代移动通信技术已经走上历史舞台。

5G是第五代移动通信技术(5th Generation)的简称,它是新一代通信技术发展的主要方向,是未来新一代信息基础设施的重要组成部分。在国家战略"互联网+"的需求中明确指出:未来电信基础设施和信息服务要在国民经济中下沉,满足农业、医疗、金融、交通、流通、制造、教育、生活服务、公共服务、教育和能源等垂直行业的信息化需求,改变传统行业,促生跨界创新。在未来的发展中,移动通信将不仅仅满足人们日常通信的需求,更多的将为国民经济发展服务。5G作为移动通信网络的升级换代,由于其多样化的业务承载能力,以及将网络与业务深度融合,按需提供服务的新理念,能为信息产业的各个环节带来全新的发展机遇。5G移动通信网络不仅是下一代移动通信网络基础设施,也是未来信息化社会建设的使能者。

随着移动通信技术的更新换代,从第一、二代移动通信技术的技术跟随,第三代移动通信技术的奋起直追,到第四代移动通信技术阶段,中国不仅建设了全世界最大规模的移动通信网络,完成了全国范围内的全面覆盖,也完善了从专利申请、标准制定到通信设备生产的全产业化流程。在5G的标准化和产业化进程中,中国信息化产业已经逐步走在了世界前列,赶上了全球通信技术发展的步伐。5G移动通信技术见证了我国通信产业发展的历史,也为我国信息产业的未来发展提供了机遇和契机。

本书以移动通信技术理论学习为主要目标,全面系统地介绍了5G的基本概念、移动通信的基本原理、5G关键技术以及网络架构、5G网络结构和网络建设运营中的人工智能技术应用等方面的内容。通过本书的学习,读者不仅能掌握移动通信的基本知识,还可以建立清晰而完整的移动通信网络体系框架,从而理解新时代 5G 和人工智能互相促进、互为补充的关系,建立下一代移动通信系统的知识图谱。

本书采用项目式学习思路,分为七个项目,包括 5G 移动通信概论、移动通信理论基础、移动通信系统与网络、5G 移动通信关键技术、5G 网络系统架构、5G 网络中的人工智能技术以及下一代移动通信技术等内容。每个项目先明确各项目的项目内容和知识目标,使读者在了解移动通信基本原理与网络组织的基础上,充分了解 5G 关键技术发展的意义,掌握 5G 关键技术和网络架构的独特性,更好地理解 5G 关键技术在实际网络中的应用,同时了解人工智能技术、下一代移动通信技术等行业的发展趋势,适应 5G 网络建设的人才需求。

本书作为通信相关专业教学的专业课教材,在内容组织和编排上,注意突出专业课程在课程思政建设中的载体作用。以移动通信技术为主要组成部分的信息通信已经成为伴随中国改革开放的不断深入而迅速发展的重要技术领域和基础设施,特别是进入 21 世纪以来,中国建立了世界第一大信息基础网络,为其他相关行业的信息化提供了基础。中国的移动通信从原来的落后局面,经过学习、跟随,直到取得了 5G 的引领地位。波澜壮阔的中国通信事业发展历史和现状成为本书内容的重要组成部分,学生在学习先进移动通信技术知识的同时,可以自然地学习体会中国通信事业自强不息的奋斗精神,建立并坚定道路自信和文化自信;树立民族自信心和自豪感,同时也培养学生为通信网络建设而吃苦耐劳、坚持不懈的职业精神,爱岗敬业的社会主义核心价值观。

另外,课程思政内容的引入也提升了专业课教学的思想性、人文性,深化专业教学的内涵,提升专业教学的效能。课程思政与专业课学习相辅相成,为落实立德树人的根本任务,完成通信行业高水平人才的培养目标起到了良好的推动作用。

目　　录

项目一　5G 移动通信概论

【项目说明】

论述移动通信技术演进历史,掌握 5G 的基本概念;通过分析 5G 技术发展的必然性和紧迫性,理解技术创新对国家发展的推动和支撑作用。

【项目内容】

- 移动通信的演进
- 5G 的驱动力和趋势
- 5G 的技术创新和国家战略
- 5G 的基本概念

【知识目标】

- 了解移动通信技术发展的起源和各阶段移动通信技术的特征;
- 理解 5G 的驱动力和趋势;
- 认识 5G 在技术创新和国家战略上的意义;
- 掌握 5G 的基本概念。

任务一　移动通信的演进

1.1.1　移动通信的起源

移动通信是指通信双方至少有一方处于移动状态下进行信息交换的通信方式。

移动通信的起源

例如,固定点与移动体(如汽车、轮船、飞机)之间、移动体与移动体之间、人与运动中的人或人与移动体之间的信息传递,都属于移动通信。移动通信通常是有线和无线相结合的通信系统,已成为人们日常必不可少的便捷通信手段。

由于移动通信是移动体在移动状态下进行通信联系,信号的传输必须依靠无线电波承载,因此无线电通信是移动通信的基础。移动通信必须利用无线电波进行信息传输。

以英国物理学家麦克斯韦(James Clerk Maxwell,1831—1879)的电磁理论作为无线电通信的起源;由德国物理学家赫兹(Heinrich Rudolf Hertz,1857—1894)用实验证实电磁波的存在和可传播;直到 1897 年,意大利电气工程师马可尼(Guglielmo Marchese Marconi,1874—1937)在陆地和一只拖船之间用无线电进行了消息传输,移动通信由此走上历史的舞台。

1. 麦克斯韦电磁理论

1831 年,英国物理学家法拉第(M. Faraday,1791—1867)通过电磁感应实验发现:变化的磁场可以在闭合电路中引起电流。他在给英国皇家学会的报告中把可以产生感应电流的情形概括为五类:①变化着的电流;②变化着的磁场;③运动的稳恒电流;④运动的磁铁;⑤在磁场中运动的导体。

法拉第正确地指出感应电流与原电流的变化有关,而与原电流本身无关,他把上述现象正式定名为"电磁感应"。

对于电磁感应现象,麦克斯韦认为其产生的根本原因是变化的磁场在闭合电路周围产生了一个电场,这个电场推动闭合电路导体中的电荷定向移动,形成了电流。变化的磁场在其周围空间产生电场,是一种普遍现象,跟闭合电路是否存在无关。

考虑到电现象与磁现象的对称性,麦克斯韦进一步推断,不仅电流能够产生磁场,变化的电场也能够产生磁场。变化的磁场产生电场,变化的电场产生磁场,这就是麦克斯韦电磁场理论的基本观点,如图 1.1.1。

按照这个理论,变化的电场和变化的磁场相互联系,形成一个不可分割的统一体——电磁场。

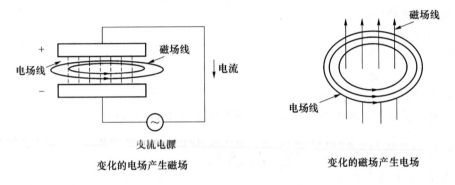

图 1.1.1　电磁场理论示意图

根据麦克斯韦的电磁场理论,如果在空间某处产生了变化的电场,就会在空间引起变化的磁场;而这变化的电场和磁场又在较远的空间引起新的变化的电场和磁场。这个过程反复进行,使变化的电场和磁场由近及远地向周围空间传播出去,形成电磁波,如图 1.1.2 所示。

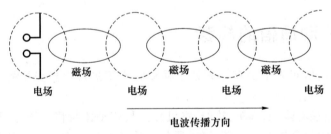

图 1.1.2　电磁波传播示意图

麦克斯韦根据他的研究建立了著名的麦克斯韦方程组,它是描述电场、磁场与电荷密度、电流密度之间关系的偏微分方程。

$$\begin{cases} \varepsilon_0 \oint E \cdot dS = q \\ \oint B \cdot dS = 0 \\ \oint B \cdot dl = \mu_0 \varepsilon_0 \dfrac{d\Phi_E}{dt} + \mu_0 i \\ \oint E \cdot dl = -\dfrac{d\Phi_B}{dt} \end{cases} \tag{1.1.1}$$

麦克斯韦方程组由四个方程组成。

（1）描述电荷如何产生电场的高斯定律

$$\varepsilon_0 \oint E \cdot \mathrm{d}S = q \tag{1.1.2}$$

高斯定律说明：通过闭合曲面的电通量（电场强度 E 的面积分）跟这个曲面包含的电荷量成正比。

（2）论述磁单极子不存在的高斯磁定律

$$\oint B \cdot \mathrm{d}S = 0 \tag{1.1.3}$$

高斯磁定律说明：闭合曲面包含的磁通量（磁场强度 B 的面积分）恒为 0。

（3）描述电流和时变电场怎样产生磁场的麦克斯韦-安培定律

$$\oint B \cdot \mathrm{d}l = \mu_0 \varepsilon_0 \frac{\mathrm{d}\Phi_E}{\mathrm{d}t} + \mu_0 i \tag{1.1.4}$$

麦克斯韦-安培定律说明：感生磁场的环流（磁场强度 B 的线积分）等于穿过曲面的电通量的变化率加曲面包含的电流。

（4）描述时变磁场如何产生电场的法拉第感应定律

$$\oint E \cdot \mathrm{d}l = -\frac{\mathrm{d}\Phi_B}{\mathrm{d}t} \tag{1.1.5}$$

法拉第感应定律说明：感生电场的环流等于曲面的磁通量变化率（磁通量的微分）。

麦克斯韦方程组将电和磁统一起来，成为经典电磁学的基础理论，是经典物理学的支柱之一，是科学史上一个划时代的理论创造，曾被认为是科学史上最伟大的公式。麦克斯韦电磁理论被认为是无线通信的开端。

2. 赫兹的电磁波实验

1888 年，在麦克斯韦建立电磁场理论二十多年后，赫兹用实验首先证实了电磁波的存在。

根据麦克斯韦理论，电场的变化会产生电磁波，赫兹根据电火花经由电容器间隙会产生振荡的原理设计了一个电磁波发生器：两块边长为 16 英寸的正方形锌板，每块锌板上接有一个 12 英寸长的铜棒，铜棒的一端焊上一个金属球，将铜棒与感应器的电极相连。通电时，金属球之间会产生高频电火花的跳动，即产生了电磁波。赫兹还采用一根两端带有铜球的铜丝弯成环状当作检波器，在发生器通电后，10 m 远处的检波器铜球上产生了电火花（图 1.1.3）。赫兹用实验证明：电磁波不仅产生而且传播了 10 m 远。

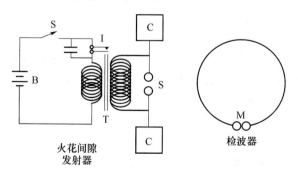

图 1.1.3　赫兹设计的实验装置

除此之外，赫兹还测定了电磁波的波长，计算了电磁波的传播速度为光速，即 3×10^8 m/s，从而也证实了光也是一种电磁波。赫兹的实验证明了电磁波的存在,为电磁波技术的发展开拓了新的道路。为了纪念他的伟大发现,人们把频率的单位定为赫兹(Hz)。

3. 马可尼和移动通信

在赫兹实验获得成功之后,意大利发明家马可尼受到了启发,他希望通过电磁波来发送信号而不用借助其他的线路。

1895 年,马可尼成功地把无线电信号发送到了 1.5 英里(2.4 km)的距离,他成了世界上第一台实用的无线电报系统(图 1.1.4)的发明者。

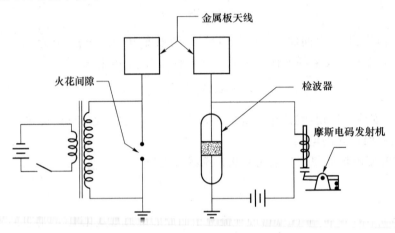

图 1.1.4 马可尼实验装置示意图

1898 年,英国举行游艇赛,终点是距海岸 20 英里的海上。《都柏林快报》特聘马可尼用无线电传递消息,游艇一到终点,他便通过无线电波,使岸上的人们立即知道胜负结果。这被看作是无线电通信的第一次实际应用。

马可尼利用摩斯电码发射他的无线电信息,他的发明开辟了无线电通信的新时代。从此之后,无线电信息逐渐广泛地用于军事、科研、新闻、娱乐等诸多领域。

4. 中国的无线通信起源

我国最早使用无线电通信的地区是广州。早在 1899 年,就在广州督署、马口、前山、威远等要塞以及广海、宝壁、龙骧、江大、江巩等江防军舰上设立无线电机,专为江防通信使用,所用的机器为马可尼旧火花式。这被认为是我国使用无线电通信的开端。

1905 年 7 月,北洋大臣袁世凯在天津开办了无线电训练班,聘请意大利人葛拉斯为教师。他还托葛拉斯代购马可尼猝灭火花式无线电机,在南苑、保定、天津等处行营及部分军舰上装用,用无线电进行相互联系。

1906 年,因广东琼州海缆中断,在琼州和徐闻两地设立了无线电机,在两地间开通了民用无线电通信。这是中国民用无线电通信的开始。

1911 年,德商西门子德律风公司向清政府申请,要求在北京、南京设立无线电报机,进行远距离无线电通信试验。电台分设在北京东便门和南京狮子山。

1.1.2 从 1G 到 5G

移动通信技术经过了早期起步阶段到公用通信业务等多个发展阶段。

从 1G 到 5G

早期的移动通信更多地用于船舶、航空以及军事的通信,直到 20 世纪 70 年代,随着集成电路技术、微型计算机和微处理器的发展,以及由美国贝尔实验室推出的蜂窝系统的概念和理论的应用,美国和日本等国家纷纷研制出陆地移动电话系统。随着移动通信从专用网络转向民用,移动通信技术开始进入蓬勃发展的时期。

自此,移动通信经历了第一代模拟蜂窝网电话系统、第二代数字蜂窝网电话系统的繁荣与衰退、第三代移动通信系统对于数据业务需求的推动;目前,第四代移动通信系统是最广泛应用的主要技术,第五代移动通信系统已经正式商用,其研究和建设工作正在加速推进。

1. 第一代移动通信系统

20 世纪 70 年代末,美国贝尔实验室提出了蜂窝网的概念。蜂窝网将大的区域划分为多个小的蜂窝,即所谓的"小区",通过小区间的频率重用,大大提高系统容量。蜂窝网概念真正解决了公用移动通信系统要求容量大与频率资源有限的矛盾。

美国 AT&T 公司使用电话技术和蜂窝无线电技术研制了第一套蜂窝移动电话系统,即先进移动电话系统(Advanced Mobile Phone Service,AMPS)。第一代移动通信技术的一大成就在于去除了电话机与网络之间的用户线,用户第一次能够在移动的状态下拨打电话。

第一代移动通信系统主要有 3 种窄带模拟系统标准,即北美蜂窝系统 AMPS、欧洲的北欧移动电话系统 (Nordic Mobile Telephony,NMT) 和全接入通信系统 (Total Access Communication System,TACS)。

我国采用的主要是 TACS 制式,即频段为 890~915 MHz/935~960 MHz。第一代移动通信的各种蜂窝网系统只能提供基本的语音业务,采用模拟和频分多址技术,即通过电波所传输的信号模拟人讲话声音的高低起伏变化。第一代移动通信不能提供非语音业务,并且保密性差,容易并机盗打,各系统之间还互不兼容,移动用户无法在各种系统之间实现漫游。

从 1987 年广州筹建 900 MHz TACS 模拟蜂窝网开始的中国第一代移动通信网络,随着2002 年新年钟声的敲响,于 2001 年 12 月 31 日全面关闭,运营时间为 14 年。

2. 第二代移动通信系统

为解决不同模拟蜂窝系统之间互不兼容的问题,1982 年北欧四国向欧洲邮电行政大会(Conference Europe of Post and Telecommunications,CEPT)提交了一份建议书,要求制定900 MHz 频段的欧洲公共电信业务规范,建立全欧统一的蜂窝网移动通信系统;同年,欧洲"移动通信特别小组"(Group Special Mobile)成立,简称 GSM。后来 GSM 的含义演变为"全球移动通信系统"(Global System for Mobile Communications)。第二代移动通信系统开始走上历史舞台。

1993 年,美国电信工业协会(Telecommunications Industry Association,TIA)将高通公司提出的 CDMA 确定为 IS-95 标准,1995 年经过修改和完善后,正式颁布了 IS-95A,并投入商用。第二代移动通信数字无线标准主要有 GSM、数字先进移动电话业务(Digital Advanced Mobile Phone Service,D-AMPS)、个人数字蜂窝(Personal Digital Cellular,PDC)和基于码分多址(Code Division Multiple Access,CDMA)技术的 IS-95 等。

我国第二代移动通信系统以 GSM 和 IS-95 为主。为了适应数据业务的发展需要,在第二代技术中还诞生了 2.5G、2.75G,也就是 GSM 的通用无线分组业务(General Packet Radio Service,GPRS)、增强型数据速率 GSM 演进(Enhanced Data Rate for GSM Evolution,EDGE)和 IS-95 的演进 IS-95B 等技术,提高了数据业务传送能力。

1994 年 7 月中国联通成立时,我国开始筹建 900 MHz GSM 数字蜂窝网,中国电信晚一年也选择了 GSM;CDMA 由中国联通 2002 年 1 月 8 日开始引进建网,2002 年 PHS 全国网出现,形成了 GSM/CDMA/PHS 三种标准并存的格局。

第二代移动通信系统在引入数字无线电技术以后,采用频分多址、时分多址及码分多址(CDMA)技术相结合的通信方式,不但改善了语音通话质量,提高了保密性,防止了并机盗打,而且为移动用户提供了无缝的国际漫游服务。

3. 第三代移动通信系统

第三代移动通信技术为 IMT-2000(International Mobile Telecommunications-2000),也称为 3G(3rd Generation)。相比第二代移动通信系统,它能提供更高的速率、更好的移动性和更丰富的多媒体综合业务。最具代表性的技术标准有美国提出的 CDMA2000、欧洲提出的 WCDMA 和中国提出的 TD-SCDMA。

(1) CDMA2000

CDMA2000 由美国牵头的 3GPP2(3rd Generation Partnership Project2)提出,是由 IS-95 系统演进而来的,并向下兼容 IS-95 系统。IS-95 系统是世界上最早的 CDMA 移动系统,CDMA2000 系统继承了 IS-95 系统在组网、系统优化方面的经验,并进一步对业务速率进行了扩展,同时通过引入一些先进的无线技术,进一步提升系统容量。

在核心网络方面,它继续使用 IS-95 系统的核心网作为其电路域来处理电路型业务,如语音业务和电路型数据业务,同时在系统中增加分组设备:分组数据服务节点(Packet Data Serving Node,PDSN)和分组控制功能(Packet Control Function,PCF)来处理分组数据业务。因此,在建设 CDMA2000 系统时,原有的 IS-95 的网络设备可以继续使用,只要增加分组设备即可。

在基站方面,由于 IS-95 与 CDMA2000 1x 标准的兼容性,运营商只要通过信道板和软件更新即可将 IS-95 基站升级为 CDMA2000 1x 基站。在我国,中国联通在其最初的 CDMA2000 网络建设中就采用了这种升级方案,而后在 2008 年电信行业重组时,由中国电信收购了中国联通的整个 CDMA2000 网络。

(2) WCDMA

欧洲电信标准化协会(European Telecommunications Standards Institute,ETSI)在 GSM 标准之后就开始研究其 3G 标准,其中有几种备选方案是基于直接序列扩频码分多址技术的,而日本的第三代研究也是使用宽带码分多址技术。其后,基于宽带码分多址技术的几种 3G 方案以欧洲和日本为主导进行融合,在 3GPP(3rd Generation Partnership Project)组织中发展成了第三代移动通信系统——通用移动通信系统(Universal Mobile Telecommunications System,UMTS),并提交给国际电信联盟(International Telecommunication Union,ITU)。ITU 最终接受 WCDMA 作为 IMT-2000 标准的一部分。3G 时代,WCDMA 是世界范围内商用最多、技术发展最为成熟的 3G 制式。在我国,中国联通在 2008 年电信行业重组之后运营 WCDMA 网络。

(3) TD-SCDMA

TD-SCDMA 是我国提出的第三代移动通信标准,也是 ITU 批准的三个 3G 标准之一,是以我国知识产权为主的、在国际上被广泛接受和认可的无线通信国际标准。TD-SCDMA 技术标准的提出是我国电信史上重要的里程碑。相对于另两个 3G 标准(即 CDMA2000 和 WCDMA),TD-SCDMA 起步较晚。

TD-SCDMA 的发展过程始于 1998 年初,该标准的原标准研究方为西门子公司。为了独立出 WCDMA 标准,西门子将其核心专利出售给大唐电信。在当时的邮电部科技司的直接领导下,由原电信科学技术研究院组织队伍在 SCDMA 技术的基础上,研究和起草符合 IMT-2000 要求的我国主导的 TD-SCDMA 建议草案。该标准草案以智能天线、同步码分多址、接力切换、时分双工为主要特点,于 ITU 征集 IMT-2000 第三代移动通信无线传输技术候选方案的截止日 1998 年 6 月 30 日提交到 ITU,从而成为 IMT-2000 的 15 个候选方案之一。ITU 综合了各评估组的评估结果,在 1999 年 11 月赫尔辛基 ITU-RTG8/1 第 18 次会议上和 2000 年 5 月伊斯坦布尔 ITU-R 全会上,正式接纳 TD-SCDMA 作为 CDMA TDD 制式的方案之一。2001 年 3 月 RAN 全会上正式发布了包含 TD-SCDMA 标准在内的 3GPP R4 版本规范,TD-SCDMA 在 3GPP 的融合工作中达到了第一个目标。

至此,TD-SCDMA 不论在形式上还是在实质上,都已在国际上被广大运营商、设备制造商所认可和接受,成为真正的国际标准。

TD-SCDMA 的起步比较晚,技术发展成熟度不及其他两大标准,同时市场前景不明朗,导致相关产业链发展滞后,最终全球只有中国移动一家运营商部署了商用 TD-SCDMA 网络。

4. 第四代移动通信系统

从核心技术来看,通常所称的 3G 技术主要采用 CDMA 技术,而业界对新一代移动通信核心技术的界定则主要是指采用正交频分复用(Orthogonal Frequency Division Multiplexing,OFDM)调制技术的正交频分多址接入(Orthogonal Frequency Division Multiplexing Access,OFDMA)技术,可见 3G 和 4G 最大的区别在于采用的核心技术完全不同。从核心技术的角度来看,LTE、WiMAX(802.16e)及其后续演进技术 LTE-Advanced 和 802.16m 等技术均可以视为 4G;不过从标准的角度来看,ITU 对 IMT-2000(3G)系列标准和 IMT-Advanced(4G)系列标准的区分并不是以采用何种核心技术为准的,而是以能否满足一定的参数要求来区分。ITU 在 IMT-2000 标准中要求,3G 必须满足传输速率达到移动状态 144 kbit/s、步行状态 384 kbit/s、室内 2 Mbit/s 的要求,而 ITU 的 IMT-Advanced 标准则要求 4G 在使用 100 MHz 信道带宽时,频谱利用率达 10 bit/(s·Hz),理论传输速率达到 1 000 Mbit/s。

LTE 分为 TDD(时分双工)和 FDD(频分双工)两种方式,其中 TDD 方式更适用于非对称频谱。

2010 年 10 月的 ITU-R WP5D 会议上,LTE-Advanced 技术和 802.16m 技术被确定为最终的 IMT-Advanced 阶段国际无线通信标准。我国主导发展的 TD-LTE-Advanced 技术通过了所有国际评估组织的评估,被确定为 IMT-Advanced 国际无线通信标准之一。截止到 2020 年 7 月,全球已有 797 个运营商建立了 LTE 网络,其中有 234 个 LTE-TDD(TD-LTE)网络,中国标准 TD-LTE 已经成为名副其实的国际标准。

5. 第五代移动通信系统

随着移动通信技术的高速发展,用户移动数据应用越来越丰富,带动了移动数据业务迅速增长。据预测,未来 10 年间,数据业务将以每年 1.6～2 倍速率增长,这给移动通信网络带来了巨大的挑战。为了适应业务增长的需要,移动通信技术也加速了升级换代。图 1.1.5 所示为移动通信业务的演进。

2013 年 5 月,韩国三星电子公布成功研发 5G(5th Generation,第五代移动通信技术)环境下的数据收发核心技术,这在全球范围内尚属首例,率先开创了 5G 技术研究的新局面。手机在利用该技术后无线下载速度可以达到 3.6 Gbit/s。这一新的通信技术名为游牧本地无线接入(Nomadic Local Area Wireless Access,NoLA)。三星电子计划以 2020 年实现该技术的商

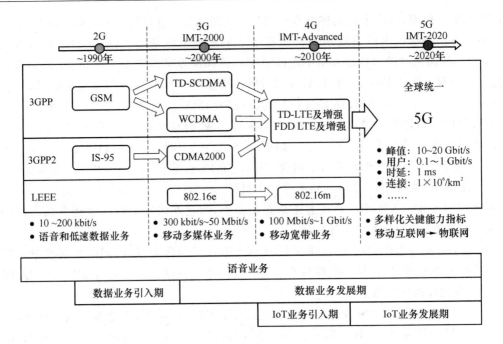

图 1.1.5 移动通信业务的演进

用化为目标,全面启动了 5G 移动通信核心技术的研发。随后,各国都加快了 5G 技术的研发和应用进程。

2015 年 10 月,国际电信联盟无线电通信部门 ITU-R 正式批准了三项有利于推进 5G 研究的决议,并正式确定了 5G 的法定名称"IMT-2020"。

5G 技术因其更高的速率、更宽的带宽、更高的可靠性、更低的时延等特点,既可以提供高速无线接入,更可为垂直行业赋能,即为各行业提供垂直行业应用。通过与垂直行业的深入合作,5G 通信网络可以利用技术优势,突破原有网络基础设施的角色,与垂直行业共同转型变革,拓宽融合产业的发展空间,支撑经济社会创新发展。

5G 不仅是下一代移动通信网络基础设施,而且是数字世界的使能者,5G 移动通信技术将为人类社会各个领域带来巨大变革和深远影响。

任务二 5G 的驱动力和趋势

1.2.1 5G 的驱动力

5G 的驱动力

随着我国在互联网技术、产业、应用以及跨界融合等方面的进展,互联网目前正在逐步从消费互联网向产业互联网转变。为了进一步加强互联网与传统产业的融合,国务院总理李克强在第十二届全国人民代表大会第三次会议上所做的政府工作报告中首次提出,要"制定'互联网+'行动计划,推动移动互联网、云计算、大数据、物联网等与现代制造业结合,促进电子商务、工业互联网和互联网金融健康发展",自此,"互联网+"上升为国家战略,纳入顶层设计。同时,"互联网+"需求中明确指出:未来电信基础设施和信息服务要在国民经济中下沉,满足农业、医疗、金融、交通、流通、制造、教育、生活服务、公共服务、教育和能源等垂直行业的信息化需求,改变传统行业,促生跨界创新。

在未来的发展中,移动通信将不仅仅满足人们日常通信的需求,更多地将为国民经济发展服务。移动互联网和物联网将是未来移动通信发展的两大主要驱动力,将为5G提供广阔的前景。

1. 移动互联网

随着宽带无线接入技术和移动终端技术的飞速发展,人们迫切希望能够随时随地乃至在移动过程中都能方便地从互联网获取信息和服务,移动互联网应运而生并迅猛发展。

移动互联网将移动通信和互联网二者结合起来,成为一体,是互联网的技术、平台、商业模式和应用与移动通信技术结合并实践的活动的总称。从网络角度来看,移动互联网是指以宽带IP为技术核心,可同时提供语音、数据、多媒体等业务服务的开放式基础电信网络;从用户行为角度来看,移动互联网是指采用移动终端连接互联网并使用互联网业务的行为。

移动互联网利用无线通信技术将移动设备与互联网接通,通过无线连接获取需要的信息,移动互联网技术的发展可以通过移动终端将互联网络全面地为人们所使用。比如,利用移动互联网技术将互联网与手机终端进行连接,可以让使用手机终端的用户及时通过移动网络获取大量的信息,同时,移动互联网技术不仅可以将互联网与手机连接,还可以将移动通信与互联网的资源紧密地结合在一起。

移动互联网颠覆了传统移动通信业务模式,为用户提供前所未有的使用体验,深刻影响着人们工作生活的方方面面。使用互联网的用户可以不受空间和时间的限制,将互联网与移动终端相接,使操作更加便捷、快速。特别是4G时代开启了智能终端的井喷式增长,为移动互联网的发展注入巨大的能量。

2018年,思科公司的视觉网络索引(Visual Networking Index,VNI)对2017—2022年的全球移动数据流量增长趋势进行了预测(表1.2.1)。根据预测,到2022年,全球的IP业务将达到每年4.8 ZB,每月396 EB。其中ZB和EB都是计算机存储单位。

- ZB:全称Zettabyte,中文名为泽字节,$1Z=10^{21}$。
- EB:全称Exabyte,中文名叫艾字节,$1E=10^{18}$。

表 1.2.1　全球移动数据流量增长预测(2017—2022 年)　　　(单位:EB/月)

地区	2017 年	2018 年	2019 年	2020 年	2021 年	2022 年	复合年均增长率
亚太地区	5.88	10.35	15.91	22.81	31.81	43.17	49%
中东和非洲地区	1.22	2.05	3.25	5.01	7.56	11.17	56%
中欧和东欧地区	1.38	2.15	3.12	4.32	5.83	7.75	41%
北美	1.26	1.80	2.5	3.41	4.48	5.85	36%
西欧	1.02	1.47	2.06	2.81	3.80	5.12	38%
拉丁美洲	0.75	1.18	1.72	2.42	3.31	4.44	43%
全球总计							
移动互联网	11.51	19.01	28.56	40.77	56.80	77.49	46%

注:VNI中预测的移动数据业务包括智能终端的所有数据业务,如文字信息、多媒体信息

等,移动互联网业务包括笔记本计算机和智能终端使用的互联网业务。

从全球范围来看,在 2017 年和 2022 年之间移动数据流量将增长 6.7 倍,复合年均增长率 (Compound Annual Growth Rate,CAGR) 达到 46%,移动数据流量将达到互联网 IP 业务总流量的 71% 以上。其中,中东和非洲地区的数据业务将飞速增长,其复合年均增长率高达 56%;鉴于亚太地区 45 亿人口的庞大人口基数,预测至 2022 年其移动数据业务将达到每月 43.17 EB。

当前,移动互联网涉及的种类很多,且这些种类的增长速度较快,主要有在线音乐、在线视频、在线游戏、移动新闻、二维码和移动支付等,展现出多元化的格局,特别是和云计算结合成为移动互联网发展的新趋势。

云计算本身就是基于网络资源的收集和共享,用户通过网络获得更多的网络服务。移动互联网为了满足客户更多的需求,为用户提供更多的服务,将网络资源整合在一起,促进了云计算的发展。

移动互联网与云计算的结合使得用户能够突破时间和空间的限制,随时随地地使用云计算服务,用户将自己的数据在网上进行共享和储存,满足自己在网上浏览网页和观看视频的需求,同时也促进了资源的共享和整合。

随着移动互联网的发展,其运用领域逐渐增多,这些领域中的主要应用集中表现为在线游戏、移动社交、在线视频、移动阅读、移动定位、移动支付等方面。

(1) 在线游戏

在线游戏更新速度快、地域限制小、可玩程度高,已经成为移动互联网的热点业务。

研究认为,在线游戏不局限于游戏本身,更可以透过游戏平台所营造出的虚拟情境向玩家提供进行人际互动的功能与团队的认同感。特别是以大学生群体为主的年轻人群体正处于自我概念发展的阶段,他们通过在线游戏完成与外界的互动,获得参照比较的机会,并且建构虚拟的世界。

(2) 移动社交

移动社交是以移动终端设备为载体,通过移动社交程序实现社交媒体功能的应用技术。

随着移动互联网、智能终端以及移动应用技术的日益发展,移动社交媒体用户数量越来越多。移动社交逐渐成为消费者数字化生存的重要媒介。在虚拟的网络世界,移动社交为人们提供重要的交流平台,人们可以跨地域、跨种族交流并且不会心存顾虑,微信、QQ 等社交软件也成为人们生活中沟通交流不可或缺的工具。

(3) 在线视频

在线视频如在线游戏一样,只要有移动网络便可观看最新的视频,是人们打发时间以及业余休息重要的放松形式,从目前抖音及快手的受众拥有量及广告活跃度来看,二者皆已成为重要的视频传播社交平台。

微视频平台目前的主要受众都存在年龄结构年轻态、知识体系处于发展期的明显特点。加之年轻网民的虚拟社交参与欲望强烈,微视频平台的信息传播呈现出十分活跃的传播状态。

(4) 移动阅读

移动阅读主要指通过智能手机、电子阅读器和平板计算机等电子化移动终端获取信息、阅读作品的全新形式。

移动阅读因为具有携带的便捷性、阅读内容的海量性和多样性以及交互分享的及时性等特征,深刻地影响了社会大众传统的阅读习惯和阅读行为。随着互联网信息技术的不断发展和移动终端技术及设备的普及,移动阅读因具有丰富多样的内容选择、获取内容的简单便捷和良好的实时互动分享等特点,很好地满足了当今快节奏生活的人们碎片化阅读的需求,从而逐渐成为大众获取信息、日常阅读的主要途径,成为阅读的发展趋势。2020年4月,中国新闻出版研究院发布了第十七次全国国民阅读调查报告,调查结果显示,手机和互联网成为我国成年国民每天接触媒介的主体,纸质书报刊的阅读时长均有所减少;数字化阅读方式(网络在线阅读、手机阅读、电子阅读器阅读、Pad阅读等)的接触率为79.3%;移动有声App平台作为听书的主流选择,有声阅读成为国民阅读新的增长点。

移动阅读提升了国民综合阅读率和数字化阅读方式接触率,对整体国民综合阅读率的上升具有必要的拉动作用。

(5)移动定位

在人类活动中地理信息一直处于重要的位置,大多数生产、生活信息都与其包含的地理位置有关,人们希望在任何时候、任何地点都可以因为任何事情获取到位置相关的信息服务。

基于位置的服务是移动互联网的基础应用之一,通过对用户的行动轨迹数据进行采集,进而通过数据分析可以进一步掌握用户的行为特征,开发基于这些行为特征实际有效的应用,这样就可以有针对性地为用户提供具有个性化、智能化的基于位置的服务,同时为各种群体性服务和社会管理提供基础信息。

除了个体服务应用之外,利用手机用户的个体行为时空数据还可以快速方便地获取大批量城市居民的实时移动性数据,为及时掌握居民行为时空模式和实时变化的城市空间结构提供有效的数据,能更好地理解居民行为决策与城市空间结构之间的互动机制,如为城市的区域规划、旅游地区的管理规划、城市交通的规划服务等。

(6)移动支付

随着科技的发展,人们对于生活品质的要求也越来越高,人们不满足于带着大把钞票进行交易的形式,更倾向于简单、快捷的移动支付。

移动支付的出现使得金钱交易的形式不再单一化,使得人们的生活更加方便。移动支付已延伸至公共服务领域的方方面面。移动支付已由早期打车、外卖、购物等生活类缴费逐步扩展到共享单(汽)车、网络直播、旅行、互联网理财等领域。移动支付渗透到人们生活的方方面面。除了网络游戏、网络视频、网络购物等较为常规的互联网行为,网络音乐、网络文学等新事物在移动支付方面表现抢眼。

面向2020年及未来,移动互联网将推动人类社会信息交互方式的进一步升级,为用户提供增强现实、虚拟现实、超高清(3D)视频、移动云等更加身临其境的极致业务体验。移动互联网的进一步发展将带来未来移动流量超千倍增长,推动移动通信技术和产业的新一轮变革。

2. 物联网

物联网(Internet of Things,IoT)是新一代信息技术的重要组成部分,也是"信息化"时代的重要发展阶段。物联网就是物物相连的互联网,它扩展了移动通信的服务范围,从人与人通信延伸到物与物、人与物智能互联,使移动通信技术渗透至更加广阔的行业和领域。

2005年国际电信联盟报告中所定义的物联网是可以在任何地点、任何时间、在任意物体之间实现互联。物联网将物体通过传感技术、识别技术,通过有线、无线等方式接入互联网,实现人与物之间、物体与物体之间的联系互动和管理。物联网通过将现实物体接入互联网使互联网从单纯的信息传递网络变成可与现实世界相连的泛在网。广义的物联网是指传感器不论是否接入互联网,只要是由多个传感器通过网络连接在一起,实现物体信息的采集、传输、控制、数据处理的网络就可以称为物联网。而狭义的物联网是指传感器网络必须接入互联网,通过互联网传输和交换数据。

物联网已经从早期简单的依托射频识别实现物品信息互联扩展到了通信网和互联网的拓展应用和网络延伸。物联网利用感知技术与智能装置对物理世界进行感知识别,通过网络传输互联,进行计算、处理和知识挖掘,实现人与物、物与物的信息交互和无缝链接,达到对物理世界实时控制、精确管理和科学决策目的。物联网通过随时随地的信息采集,感知物理世界,实现全面的信息交互,为了支持物联网的"泛在"特性,移动通信网络必须能够支持大容量、高带宽和多业务,能够完成全面覆盖以支持随时随地的连接。

根据物联网的内涵,物联网应该具备三个特征。

(1)全面感知

利用 RFID、传感器、二维码等随时随地获取物体的信息。

(2)可靠传递

通过各种电信网络与互联网的融合,将物体的信息实时准确地传递出去。

(3)智能处理

利用云计算、模糊识别等各种智能计算技术,对海量数据和信息进行分析和处理,对物体实施智能化的控制。

移动物联网的提出旨在采用蜂窝无线接入系统提供物联网的功能,并且支持覆盖增强,支持大量低速终端的接入,满足低时延、低成本、低功耗等功能需求。目前,移动物联网以窄带物联网(Narrow Band Internet of Things,NB-IoT)和扩展增强型机器通信(enhanced Machine Type Communication,eMTC)技术为主流技术,其中 NB-IoT 为窄带物联网,eMTC 为宽带物联网。NB-IoT 以其低成本、电信级、高可靠性、高安全性为主要特点;eMTC 以其电信级、高速率、安全可靠为主要特点。

在物联网环境下,大量设备对网络下载、上传和时延的要求存在区别(表1.2.2),网络必须有一定的智能性。尤其在个别应用场景下,对网络的时延有极高要求:例如,车联网场景下为了保证自动驾驶的安全性,车与车之间、车与云端之间的时延在 5 ms 以内,误包率在 99.999% 以下,而且在车辆发生拥塞或大量节点共享有限频谱资源时,仍能够保证传输的可靠性;而 VR 头戴设备必须要保证绝对低时延,延迟不超过 20 ms,才能有效减轻眩晕体验,使用户的体验场景更为真实。

表1.2.2　物联网不同应用对下载、上传和时延的要求

物联网	下载速率	上传速率	时延要求
基本视频和音乐流	高	低	中
文本通信	低	低	中
VoIP	低	低	中
网页浏览	低	低	中
远程会议	中	中	中
远程教育	中	中	中
ERP/CRM	中	低	低

续 表

物联网	下载速率	上传速率	延迟要求
HD 视频流	高	低	低
AR 应用	高	中	低
网络电子病历	中	高	低
VoLTE	低	低	低
个人内容柜	高	高	低
远程医疗	高	中	低
高清视频会议	高	高	低
超高清视频流	高	高	低
VR	高	高	低
高频股票交易	低	低	低
车联网	低	低	低

未来物联网的重点应用需求领域主要包括智能制造(工业 4.0)、智能交通(包括车联网)、智能家居、智慧医疗、智慧城市等方面。

(1) 智能制造

工业 4.0 智能制造带来了大量的对机器人的应用需求,同时机器与机器、机器与人之间交互的上升给行业信息化应用带来市场机遇。企业的劳动生产率、产品合格率有较大提高,用工人数、生产成本均有明显下降。

目前工业机器人已被广泛应用于装备制造、新材料、生物医药、智慧新能源等高新产业。机器人与人工智能技术、先进制造技术和移动互联网技术的融合发展推动了人类社会生活方式的变革。现在所使用的工业机器人是集机械、电子、控制、传感、人工智能等多学科先进技术于一体的自动化装备。驱动系统包括动力装置和传动机构,用以使执行机构产生相应的动作。控制系统按照输入的程序对驱动系统和执行机构发出指令信号,对其进行控制。

智能制造对新型智能机器人,尤其是具有智能性、灵活性、合作性和适应性的机器人的需求在持续增长。未来,下一代智能机器人的精细作业能力将被进一步提升,对外界的适应感知能力将不断增强,使其能够完成精细化的工作内容,如组装微小的零部件等,且预先设定程序的机器人不再需要专家的监控。同时,市场对机器人灵活性方面的需求不断提高,对机器人与人协作能力的要求也在不断增强。未来机器人能够靠近工人执行任务,新一代智能机器人通过物联网技术的控制将采用声呐、摄像头或其他技术来感知工作环境是否有人,如有碰撞的可能它们则会减慢速度或者停止运作。

(2) 智能交通

以车联网技术为代表的智能交通是未来物联网发展的重要应用。车联网 V2X 即 Vehicle to X,其中 X 代表路边基础设施(Infrastructure)、车辆(Vehicle)、人(Pedestrian)、路(Road)等。V2X 概念的表述是物联网应用的实现和对 D2D(Device to Device)技术的深入研究。车联网是能够实现智能化交通管理、智能动态信息服务和车辆智能化控制的一体化网络,是物联网技术在交通系统领域的典型应用。

在智慧交通系统中应用 V2X 车联网的主要目的在于提高道路的安全性、解决交通问题和优化交通管理等,需要通过车辆与路侧单元、车辆与车辆等通信方式来向周围车辆实时准确地发送安装在车辆上的 RFID(射频识别)、传感器等采集的车辆状态信息(特别是车辆的位置、速度、方向)。这些信息汇聚后通过数据分析、处理来提取出有效信息,为车辆的出行提供智能的决策依据。

V2X 网络系统通过移动通信技术实现信息交互,其实施的关键在于移动通信技术的时延要求,即需要确保网络的接入时间最短、传输时延较低,同时还需保证信息传输的可靠性和安全性等。在一定范围内,为实现车辆间通信,不仅要实现频谱的再利用以满足通信带宽要求,还需要建立核心网络,并利用系统的专用特殊组件来完成信息的中转和传输。另外,实时精准的车辆状态感知技术也是实现车联网应用的重要基础。车辆状态的感知技术通常包括车辆运动状态的感知技术和行车环境的感知技术。通过这些技术来感知车辆本身和周围车辆的运动状态,从而分析判断是否存在安全隐患。

车联网具有大量应用场景,可应用于道路交通信息提示、协作车辆预防碰撞服务、自动停车系统等方面。

(3)智能家居

智能家居是以住宅为平台,利用综合布线技术、通信技术及自动控制技术等有关技术实现家居设施的互联,构建智能的住宅设施管理系统,从而打造安全舒适且环保节能的居住环境。

物联网为智能家居的发展提供了新的方向。以物联网技术为基础实现的智能家居通过安装各种传感器来采集住宅内的环境、设备及人员信息,利用移动通信网络将上述各种信息接入物联网网关,再由网关将这些信息转发至互联网中的服务器,用户通过手机或计算机上的浏览器、客户端软件登录服务器便可以实时查看各个子系统的信息,以此来控制家居设备的运行,从而构建一个基于物联网的智能家居系统。

基于物联网的智能家居的一个主要特点就是能够将住宅内的各种电气设备连接至互联网,而且能够通过互联网与设备通信还远远不够,还必须在互联网中实现用户和设备的互动。用户可以随时随地查看房间内的环境信息和设备状态,也可以远程控制设备的运行状态。

基于物联网的智能家居系统,相对于以嵌入式家庭网关为中心的其他系统,还可以借助于物联网服务器强大的资源实现海量数据的存储、更美观的界面和更方便的操作。每个独立的智能家居系统还可以通过网络服务器方便地获取小区物业服务、市政服务、天气预报等信息。同时采用物联网技术可以很方便地将各种原先不具有通信接口的设备连接至物联网网关,不需要复杂的布线或者购买昂贵的带通信接口的家电。此外,家居内的设备随时可能增加或减少,采用具有自组织特性的物联网可以很好地适应这种动态变化,方便用户使用及系统的维护。

目前的智能家居,作为给传统产品配套的智能产品,由于涉及多协议、多厂家,其互联互通和信息安全依旧是问题。智能家居需要将优秀的研发基础与突破性的产品相结合,让人们可以改善生活方式,从而得到更好的体验。

(4)智慧医疗

智慧医疗是指融合互联网、物联网、云计算和大数据技术,以电子病历和电子健康档案等医疗数据为基础,通过互联网、物联网和传感器对病人生命体征数据实时收集,利用云计算和大数据的数据挖掘及知识发现理论对数据实时分析,实现病人和医疗设备、医疗机构、护理人员之间的实时互动的智能远程疾病预防与护理系统。

智慧医疗在现有医疗保健体系表现出了前瞻性和科学性,通过探寻患者全方位健康状况信息以及相关医疗资源信息,从而提供更为高效、系统、个性的医疗服务方案,降低医疗服务的成本,改善医疗效果,甚至可以缓解紧张的医患关系。智慧医疗基于物联网相关技术,打破"信息孤岛",将医疗机构、社保部门、健康服务机构以及患者等连接起来,实现医疗信息共享,解决医疗联合体之间共享、调阅资料的问题,同时为建立分级医疗服务体系提供便利,实现"小病在社区,大病进医院",合理分配不同医疗机构间的医疗资源。

同时,智慧医疗实现了以患者为中心的就医模式,开发了有效、安全、便捷的产品来满足人们不同的适应性需求,通过手机App等完成预约挂号、在线获取报告以及划价缴费等操作,患者可以体验无缝医疗服务,同时更方便医务人员对临床信息的提取,提高临床决策效率,优化患者诊疗流程。智慧医疗借助信息共享平台以及大数据的收集、处理和分析技术,对卫生数据进行全方位的整合、分析,有利于卫生部门决策的科学合理化,同时可以进行数据的预测研究,预防重大疾病发生。

国家高度重视智慧医疗,国家多机关、多部委先后颁布了多项政策文件,加强指导智慧医疗的建设。目前部分地区已经建设了卫生信息三级网络平台,同时医院信息管理系统也日臻完善,智慧医疗将在物联网技术的支持下进一步发挥其智能化、数字化、网络化的医疗服务优势。

（5）智慧城市

智慧城市是指运用包含通信技术、移动互联、感知技术、大数据分析等前沿技术,充分调动、使用城市核心系统的信息,从而对智慧城市中的各种需求凤愿进行智能响应,为市民打造更加宜居的城市。

在智慧城市建设之中,物联网技术是实现智慧城市的基础。基于物联网技术的发展,智慧城市通过分布在大街小巷数以亿计的传感器不间断地采集信息、采集图像,处理信息,继而对各种需求进行智能响应,将城市的系统和服务通过信息技术打通、集成,提升资源运用效率,优化城市管理和服务,从而改善市民生活质量。同时,由于采集的信息数据的存储呈现爆发式增长,如何系统地认知、如何处理,以及如何在庞大的数据中挖掘出有经济价值的信息,则需要综合大数据和云计算技术,充分调动、使用核心系统的信息,建设庞大的数据库,才能满足智慧城市信息处理和智能响应的需求,运用感知技术采集信息、大数据分析技术处理信息,从而实现智慧城市的愿景。因此,智慧城市的实现必将是物联网、大数据以及云计算等新型信息技术的结合。

未来移动医疗、车联网、智能家居、工业控制、环境监测等应用将会推动物联网应用爆发式增长,数以千亿的设备将接入网络,实现真正的"万物互联",并缔造出规模空前的新兴产业,为移动通信带来无限生机。同时,海量的设备连接和多样化的物联网业务也会给移动通信带来新的技术挑战。

1.2.2　5G的发展趋势

随着移动业务需求的飞速发展,移动数据流量需求、移动应用、市场竞争、应用场景、用户体验、网络建设成本等各方面都将进一步体现5G的发展趋势。

5G的发展趋势

1. 移动数据流量爆炸式增长

面向2020年及未来,移动数据流量将出现爆炸式增长。根据《5G愿景与需求》白皮书预计:2010—2020年全球移动数据流量增长将超过200倍,2010—2030年将增长近2万倍;中国的移动数据流量增速高于全球平均水平,预计 2010—2020 年将增长 300 倍以上,2010—2030 年将增长超 4 万倍。发达城市及热点地区的移动数据流量增速更快,2010—2020 年上海的增长率可达 600 倍,北京热点区域的增长率可达 1 000 倍。

2. 新型移动应用爆发式发展

移动数据流量快速增长的背后是新型移动应用的爆发式发展,与此同时,带来的是传统电信运营商业务受到猛烈冲击,尤其是互联网应用服务提供商(Over The Top,OTT)对传统运营商的挤压非常明显,这些业务使得运营商原来的短信、话音甚至包括国际电话业务都受到了很大挑战。比如,微信、QQ 等即时通信软件占用运营商信令资源非常大。同时运营商之间的竞争也趋于白热化,三大运营商为了应对移动互联网时代的到来及各方面的挑战,都提出了相应的战略、策略和战术并加以执行。

移动互联网时代,OTT 企业发展迅速,内容、广告、电商以及增值服务四大盈利模式不断打压电信运营商的盈利空间。OTT 企业目前不断打压电信运营商的主业"话音业务",三大电信运营商的话音业务未来的空间有限,同时也打压了电信运营商数据业务中的主力军"SMS"和"MMS"(短信和彩信),外国电信运营商的经验也是在 OTT 企业的打压下逐步放弃"话音业务",将精力放在流量经营上。

3. 市场竞争白热化发展

进入移动互联网时代,国内电信市场的竞争也已经从激烈拼杀的人口红利竞争全面转向数据红利和信息红利的竞争。前期单纯依靠用户数增加无法满足运营商的持续增长收益,运营商陷入了增量不增收的怪圈。当前国内运营商推出更优惠的套餐,吸引用户流量增长,但流量单价持续降低,同样无法带来运营商的收益增长。未来,电信运营商将利用自身在管道中的运营优势、网络优势和能力优势,成为控制型的智能管道供应商,为移动互联网的业务流程提供精准服务(如计费和 CRM)、提供基础架构支持和高价连接功能。

目前 5G 已经成为 4G、家庭宽带业务之后运营商新的竞争焦点。未来运营商除了传统语音、数据等业务,在物联网领域竞争将日趋白热化。在这样的市场背景下,网络与业务的融合为 5G 发展触发全新的机遇。

4. 丰富的应用场景对网络提出更高要求

丰富的 5G 应用场景对网络功能要求各异:从突发事件到周期事件的资源分配,从自动驾驶到低移动性终端的移动性管理,从工业控制到抄表业务的时延要求等。面对如此多样化的业务场景,5G 提出的网络与业务深度融合、按需提供服务的新理念能为信息产业的各个环节带来全新的发展机遇。

5. 用户体验差异性需求

基于 5G 网络"最后一公里"的位置优势,OTT 企业能够提供更具差异性的用户体验。例如,基于网络开放的位置区域、移动轨迹和无线环境等上下文信息,App 能够筛选出更恰当的服务参数,提升客户黏性;利用网络边缘的内容缓存和计算能力,服务提供商可以为指定用户提供更优质的时延和带宽服务质量保障,在竞争中占得先机。

基于 5G 网络"端到端全覆盖"的基础设施优势,以垂直行业为代表的物联网业务需求方可以获得更强大且更灵活的业务部署环境。依托强大的网管系统,垂直行业能够获得对网内终端和设备更丰富的监控和管理手段,全面掌控业务运行状况。利用功能高度可定制化和资源动态可调度的 5G 基础设施能力,第三方业务需求方可以快捷地构建数据安全隔离和资源弹性伸缩的专用信息服务平台,从而降低开发门槛。

6．互联网技术降低网络建设成本

对于移动网络运营商而言,5G网络有助于进一步开源节流。开源方面,5G网络突破当前封闭固化的网络服务框架,全面开放基础设施、组网转发和控制逻辑等网络能力,构建综合化信息服务使能平台,为运营商引入新的服务增长点。节流方面,按需提供的网络功能和基础设施资源有助于更好地节能增效,降低单位流量的建设与运营成本。随着移动网络和互联网在业务方面融合的不断深入,两者在技术方面也在相互渗透和影响。云计算、虚拟化、软件化等互联网技术是5G网络架构设计和平台构建的重要使能技术。

任务三　5G的技术创新和国家战略

1.3.1　5G的技术创新

5G的技术创新

根据移动通信技术的发展趋势,5G将具有超高的频谱利用率和能效,在传输速率和资源利用率等方面较4G提高一个量级或更高,其无线覆盖性能、传输时延、系统安全和用户体验也将得到显著的提高。5G将与其他无线移动通信技术密切结合,构成新一代无所不在的移动信息网络,满足未来10年移动互联网流量增加1 000倍的发展需求。5G移动通信系统的应用领域也将进一步扩展,对海量传感设备及机器与机器(M2M)通信的支撑能力成为系统设计的重要指标之一;5G系统还需具备充分的灵活性,以应对未来移动信息社会难以预计的快速变化。

5G的技术创新主要体现在超高效能的无线传输技术和高密度无线网络两方面。在无线传输技术方面,引入能进一步挖掘频谱效率提升潜力的技术,如先进的多址接入技术、多天线技术、编码调制技术等;在无线网络方面,5G采用更灵活、更智能的网络架构和组网技术,如采用控制与转发分离的软件定义无线网络的架构、统一的自组织网络(SON)、超密集组网等。通过这两方面的创新满足5G的性能指标要求。

1．无线传输技术创新

(1) 大规模多入多出(Massive Multiple Input Multiple Output,Massive MIMO)技术

在无线通信系统的建设中,应用多天线技术可以提高系统的频谱效率以及传输速率等,使其更加安全可靠。MIMO技术能够利用增加发射接收天线来增加信道的容量。因此,天线数量的增加可以有效增加系统的容量。在基站中利用MIMO技术来设置大量的天线,采用空间分集和空间复用技术,提高网络峰值速率和网络可靠性。此外,MIMO技术可以提高空间利用率,通过波束赋形的应用减小干扰。

(2) 多载波技术

5G移动通信频带宽度最高可达1 GHz。4G所采用的OFDM技术在频谱效率、抗多径衰落等方面具有明显的优势,但是欠缺应用大范围带宽中空白频谱的能力。采用基于滤波器组的多载波技术能够很好地解决上述问题。在该技术中,发送端通过合成滤波器组来调制多载波,接收端通过分析滤波器来调制多载波。该技术的特点是:子载波能够单独处理,解决了子载波同步的问题;子载波不再插入前缀,也不再进行固定的正交,可以控制子载波间的相互干扰,干扰情况大大减少。在5G移动通信系统实现多载波方案的过程中,多载波技术起着非常

重要的作用。

（3）全双工技术

全双工技术可以同时、同频进行双向通信，降低不必要的无线资源的损耗，还可以更加灵活地运用频谱，提高 5G 移动通信的效益和性能。

2．无线网络技术创新

（1）自组织网络技术

自组织网络技术是指网络智能化，网络的自愈合、自配置、自优化等自组织能力大大提高，网络能够自动完成排障、优化、维护、部署以及规划等工作，大大节省了人力资源。该技术改善了当前运维工作、人工部署而产生的成本以及人力资源的消耗。在通信网络中，自组织技术已经逐渐发展成不可或缺的技术，再加上网络深度智能化是 5G 移动通信系统网络性能的重要保障，所以在 5G 移动通信的建设中，自组织网络技术所占的地位将越来越重要。

（2）超密集组网技术

5G 系统无线接入形式繁多，采用超密集组网技术，缩短了网络节点与终端的距离，可以提高功率和频谱效率，提升系统容量以及灵活性。超密集组网为 5G 移动通信提供了美好的前景。

（3）SDN/NFV 技术

软件定义网络（Software Defined Network，SDN）是一种新型网络创新架构，其核心技术 OpenFlow 通过将网络设备控制面与数据面分离开来，从而实现了网络流量的灵活控制，为核心网络及应用的创新提供了良好的平台。网络功能虚拟化（Network Functions Virtualization，NFV）利用 IT 的虚拟化技术，将网络设备的控制平面与底层硬件分离，将设备的控制平面安装在服务器虚拟机上，在虚拟化的设备层面上可以安装各种服务软件。

SDN 与 NFV 技术相结合是 5G 网络技术创新的关键技术之一，将 SDN 技术与 NFV 技术融合应用到 5G 网络架构的创新中，能够更好地促进技术的开放性与创新性，以此满足当代网络用户对网络运行系统以及应用软件的相关需求，从而实现无线网络资源动态配置、硬件设备标准化以及网络功能的虚拟化，对网络架构灵活性与扩展性的有效提升。

1.3.2 5G 的国家战略

在全球经济发展的新时期，各国政府希望高科技产业带动全行业发展，全球性的通信标准不再仅是技术标准，而是关系到产业发展和国家战

5G 的国家战略

略。在 5G 标准之争中，中国阵营已经成为全世界 5G 标准的重要力量。在部分领域，中国技术实力雄厚，奠定了 5G 标准之争的基本格局。

制定通信标准首先要看国家实力，也是政治、经济、技术实力综合体的较量，中国作为全世界第二大经济体，发展速度领先世界各大国，在诸多领域越来越有发言权，这是中国 5G 标准走向世界最坚实的基础。

我国的移动通信发展在经历了 2G 追赶、3G 突破之后，在 4G 技术的发展过程中逐步赶上了全球通信技术发展的步伐。面对 5G 新的发展机遇，我国政府积极组织国内各方力量，开展国际合作，共同推动 5G 国际标准发展。2013 年，工业和信息化部、科技部、发展和改革委员会联合成立了 IMT-2020（5G）推进组，该推进组依托原 IMT-Advanced 推进组的架构，设立了秘书处和各工作小组。

2016 年 1 月，工业和信息化部正式启动 5G 技术研发试验，标志着我国 5G 发展进入技术研发及标准研制的关键阶段。5G 技术研发试验在 2016—2018 年进行，分为 5G 关键技术试验、5G 技术方案验证和 5G 系统验证三个阶段实施，最终到 2018 年完成 5G 系统的组网技术性能测试和 5G 典型业务演示。根据总体规划，我国 5G 试验分为两步进行：第一步，2015—2018 年进行技术研发试验，由中国信息通信研究院牵头组织，运营企业、设备企业及科研机构共同参与；第二步，2018—2020 年，由国内运营商牵头组织，设备企业及科研机构共同参与。

2017 年，5G 技术被首次写入政府工作报告，这是政府工作报告首次提到"第五代移动通信技术（5G）"。此举体现了国家对于发展 5G 的决心，上升到了国家政策层面。

2017 年 11 月 15 日，工业和信息化部发布《关于第五代移动通信系统使用 3 300～3 600 MHz 和 4 800～5 000 MHz 频段相关事宜的通知》，确定 5G 中频频谱，能够兼顾系统覆盖和大容量的基本需求。

2017 年 11 月下旬，工业和信息化部发布通知，正式启动 5G 技术研发试验第三阶段工作，并力争 2018 年底前实现第三阶段试验基本目标。

2017 年 12 月 21 日，在国际电信标准组织 3GPP RAN 第 78 次全体会议上，5G 新空口（New Radio，NR）首发版本正式冻结并发布。

2017 年 12 月，国家发展和改革委员会发布《关于组织实施 2018 年新一代信息基础设施建设工程的通知》，要求 2018 年将在不少于 5 个城市开展 5G 规模组网试点，每个城市 5G 基站数量不少于 50 个，全网 5G 终端不少于 500 个。

2018 年 2 月 23 日，沃达丰和华为宣布，两公司在西班牙合作采用非独立的 3GPP 5G 新无线标准和 Sub 6GHz 频段完成了全球首个 5G 通话测试。

2019 年 6 月，工业和信息化部在全世界率先发放 5G 商用牌照，中国进入 5G 元年，在全球率先推出了 5G 商用服务。

目前中国已经实现用户规模、网络建设、技术创新、应用开发、终端制造等诸多领域的领先。中国不仅拥有全球最大的 5G 用户群，而且用户发展速度，网络建设速度超越了以往各代移动通信技术。正在引领全球 5G 发展的中国，坚定对外开放合作，以共赢为目标驱动全球 5G 产业发展，体现出领跑者的胸怀与担当。

1.3.3　5G 的标准化进程

5G 的标准化进程

5G 研究和标准化制定大致经历 4 个阶段。
- 第 1 阶段（2012 年）：该阶段主要是 5G 基本概念的提出。
- 第 2 阶段（2013—2014 年）：该阶段主要关注 5G 愿景与需求、应用场景和关键能力。
- 第 3 阶段（2015—2016 年）：该阶段主要关注 5G 的定义，开展 5G 关键技术研究和验证工作。
- 第 4 阶段（2017—2020 年）：该阶段主要开展 5G 标准方案的制定和系统试验验证。

在标准化方面，5G 国际标准的制定主要在 ITU 和 3GPP 两大标准化组织中进行。其中，ITU 的工作重点在于制定 5G 系统需求、关键指标以及性能评价体系，在全球征集 5G 技术方案，开展技术评估，确认和批准 5G 标准，不做具体的技术和标准化规范制定工作。3GPP 作为全球各通信主要产业组织的联合组织，从事具体的标准化技术讨论和规范制定，并将制定好的标准规范提交到 ITU 进行评估，当满足 ITU 的 5G 指标后将被批准为全球 5G 标准。

1. ITU

国际电信联盟(ITU)是主管信息通信技术事务的联合国机构,负责分配和管理全球无线电频谱与卫星轨道资源,制定全球电信标准,向发展中国家提供电信援助,促进全球电信发展。

ITU 总部设于瑞士日内瓦,其成员包括 193 个成员国、700 多个部门成员及部门准成员和学术成员。每年的 5 月 17 日是世界电信日(World Telecommunication Day)。2014 年 10 月 23 日,赵厚麟当选国际电信联盟新一任秘书长,成为国际电信联盟 150 年历史上首位中国籍秘书长。

ITU 的组织结构主要分为电信标准化部门(ITU-T)、无线电通信部门(ITU-R)和电信发展部门(ITU-D),另设电信展览部负责举办重大展会活动、高层论坛和内容多样的其他活动。ITU 每年召开 1 次理事会,每 4 年召开 1 次全权代表大会、世界电信标准大会和世界电信发展大会,每 2 年召开 1 次世界无线电通信大会。ITU 的简要组织结构如图 1.3.1 所示。

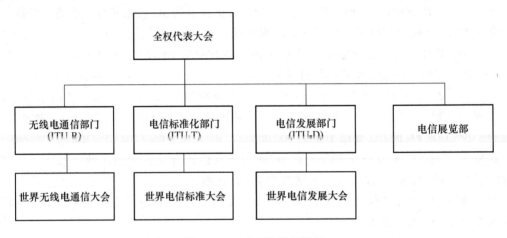

图 1.3.1 ITU 组织架构图

ITU-R WP5D 是 ITU 中专门负责地面移动通信业务的工作组。2010 年,4G 标准之争刚落下帷幕,WP5D 就启动了面向 2020 年的业务发展预测报告起草工作,以支撑未来 IMT 频率分配和后续技术发展需求,5G 的酝酿工作开始启动。

根据 ITU 工作计划,5G 标准化整体分为 3 个阶段。

第 1 阶段为前期需求分析阶段,开展 5G 的技术发展趋势、愿景、需求等方面的研究工作,WP5D 除了完成频率相关工作外,还启动了面向 5G 的愿景与需求建议书开发,面向后 IMT-Advanced 的技术趋势研究报告工作,以及 6 GHz 以上频段用于 IMT 的可行性研究报告。面向未来 5G 的频率、需求、潜在技术等前期工作在 ITU 全面启动并开展。2014 年 WP5D 制订了初步 5G 标准化工作的整体计划,并向各外部标准化组织发送了联络函。在 2015 年 6 月举行的 ITU-R WP5D 第 22 次会议上,ITU 完成了 5G 发展史上的一个重要工作,确定了 5G 的名称、愿景和时间表等关键内容。会议通过了三项 ITU-R 决议:规定了后续开展 IMT-2020 技术研究所应当遵循的基本工作流程和工作方法;强调 ITU-R 在推动 IMT 持续发展中的作用;正式将 5G 命名为"IMT-2020"。端到端系统的大多数其他变革(既包括核心网络内的,也包括无线接入网络内的)也将会成为未来 5G 网络的一部分。移动通信市场中,IMT-Advanced(包括 LTE-Advanced 与 WMAN-Advanced)系统之后的系统即为"5G"。

第 2 阶段为准备阶段,2016—2017 年,完成需求制定、技术方案评估,以及提交模板和流程等,并发出技术征集通函。ITU-R 确定未来的 5G 具有以下三大主要的应用场景:增强型移动宽带,超高可靠与低延迟的通信,大规模机器类通信。具体包括:Gbit/s数量级速率的移动宽带数据接入、智慧家庭、智能建筑、语音通话、智慧城市、三维立体视频、超高清晰度视频、云工作、云娱乐、增强现实、行业自动化、紧急任务应用、自动驾驶汽车。

第3阶段为提交和评估阶段,2018—2020年,完成技术方案的提交、性能评估,以及可能提交的多个方案融合等工作,并最终完成详细标准协议的制定和发布。

2. 3GPP

3GPP成立于1998年12月,多个电信标准组织伙伴签署了《第三代伙伴计划协议》。3GPP最初的工作范围是为第三代移动通信系统制定全球适用技术规范和技术报告。第三代移动通信系统基于发展的GSM核心网络和它们所支持的无线接入技术,主要是UMTS。随后3GPP的工作范围得到了改进,增加了对通用陆地无线接入(Universal Terrestrial Radio Access,UTRA)长期演进系统的研究和标准制定。

3GPP的组织结构中,最上面是项目协调组(Program Coordination Group,PCG),由欧洲电信标准化协会(ETSI)、美国电信工业协会(TIA)、日本电信技术委员会(Telecommunications Technology Committee,TTC)、日本无线工业及商贸联合会(Association of Radio Industries and Businesses, ARIB)、韩国通信技术协会(Telecommunications Technology Association,TTA)和中国通信标准化协会(China Communication Standards Association,CCSA)6个组织伙伴(Organizational Partner,OP)组成,对技术规范组(TSG)进行管理和协调。

3GPP共分为4个TSG(之前为5个TSG,后CN和T合并为CT),分别为TSG GERAN (GSM/EDGE无线接入网)、TSG RAN(无线接入网)、TSG SA(业务与系统)、TSG CT(核心网与终端)。每一个TSG下面又分为多个工作组。例如,负责LTE标准化的TSG RAN分为RAN WG1(无线物理层)、RAN WG2(无线层2和层3)、RAN WG3(无线网络架构和接口)、RAN WG4(射频性能)和RAN WG5(终端一致性测试)5个工作组,如图1.3.2所示。

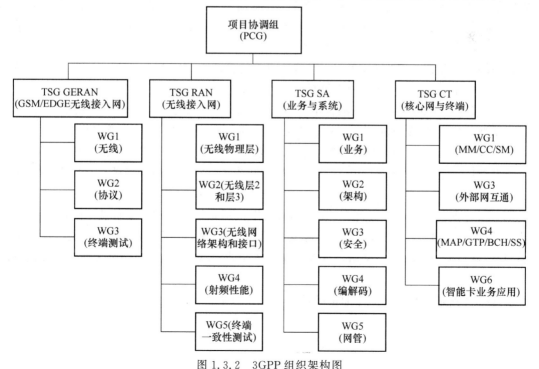

图1.3.2 3GPP组织架构图

3GPP 的会员包括 3 类:组织伙伴、市场代表伙伴和个体会员。3GPP 的组织伙伴包括日本的 ARIB、美国的 ATIS、中国通信标准化协会 CCSA、欧洲的 ETSI、印度的印度电信标准开发协会(Telecommunications Standards Development Society, India, TSDSI)、韩国的 TTA、日本的 TTC。3GPP 市场代表伙伴不是官方的标准化组织,它们是向 3GPP 提供市场建议和统一意见的机构组织,包括全球移动通信供应商协会(Global Mobile Suppliers Association, GMSA)、GSM 协会、UMTS 论坛、IPv6 论坛、5G 美国(5G Americas)、小站论坛(Small Cell Forum)等在内的 17 个组织机构。

3GPP 制定的标准规范以 Release 作为版本进行管理,自 2000 年 3 月完成的 R99 版本开始,平均一到两年就会完成一个版本的制定。2008 年 12 月发布的 R8 的版本为 3GPP 第一次发布的 LTE(Long Term Evolution,长期演进)标准,即目前主流的商用技术 4G;R14 主要开展 5G 系统框架和关键技术研究;R15 作为第一个版本的 5G 标准,主要面向 eMBB 和 uRLLC 两类场景,主要包括构筑 NR 技术框架和网络架构,设计行业应用基础。R16 版本面向 5G 完整业务,在持续提升 NR 核心技术指标的同时加强行业数字化建设。

3GPP 的标准化工作主要由 RAN、SA 和 CT 等工作组开展。其中,负责接入网与空口标准化的工作组 RAN 在 2015 年 9 月召开了 5G 研究的研讨会(Workshop),后续制订了具体的工作计划。3GPP 从 2016 年 3 月启动 5G NR 研究和标准化制定工作,到 2020 年 7 月完成所有标准规范,持续 R14、R15 和 R16 共 3 个版本,如图 1.3.3 所示。

其进程包括:2018 年第 3 季度向 ITU R 提交第 1 个基于 R15 版本的初步 5G 技术方案,该版本主要包括基本的 eMBB 和 uRLLC 两个应用场景的技术协议,以及核心网架构和协议,支持基于 5G 新空口的独立组网以及 LTE 和 NR 联合组网的方式;2019 年提交基于 R16 的全面满足 5G 需求的增强型版本,包括 3 个应用场景以及性能增强;2020 年 7 月,完成 5G 第 1 个演进版本规范 R16 的标准化工作,R16 作为 5G 第二阶段标准版本,主要关注垂直行业应用及整体系统的提升,包括系统架构持续演进、垂直行业应用增强(超高可靠低时延通信 uRLLC、非公众网络 NPN、垂直行业 LAN 类型组网服务、时间敏感型网络 TSN、V2X、工业物联网 IoT)、多接入支持增强、人工智能增强等,还包括定位、MIMO 增强、功耗改进等。

在网络架构和核心网方面,在 2016 年,负责系统需求定义的 SA1 工作组完成了 5G 系统及业务需求的定义,负责系统架构设计的 SA2 工作组完成了 5G 系统架构的研究。2017 年底,SA2 完成了 5G 系统第 1 阶段的标准制定工作,发布了 5G 系统架构、5G 系统流程、策略和计费控制框架这 3 个方面的标准。CT 各工作组同期积极展开了协议详细设计工作,并于 2018 年 6 月发布了 32 个接口及协议的规范,标志着 R15 版本规范工作全部完成。

随着 R16 规范的冻结,R16 的标准化工作已经全部完成。接下来将进行 R17 的标准化工作,3GPP 已经公布了 R17 的工作计划,如图 1.3.4 所示。

R17 相对 R16 将会进一步延展 5G 能力,其中包括基于 5G 的广播能力、卫星通信、对空基站、无线侧切片,以及人工智能与 5G 相互赋能的探索;更加全面地面向垂直行业,增强面向行业的能力建设。边缘计算、网络切片等基础能力会进一步增强,也会涉及天地一体化的网络能力建设。

随着各行各业不断涌现的对通信的新需求,5G 版本将会不断向前演进。

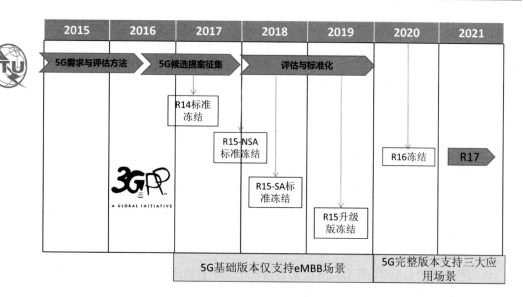

图 1.3.3 5G 第一阶段标准化进程

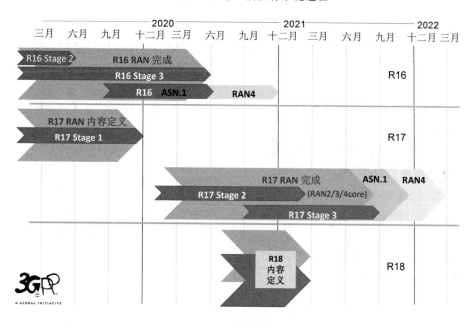

图 1.3.4 5G 下一步工作计划

（来源：3GPP TSG SA＃87，17-20 March 2020，e-meeting document SP-200222。）

任务四 5G 的基本概念

1.4.1 5G 的典型场景

　　面向 2020 年及未来，移动互联网和物联网业务将成为移动通信发展的主要驱动力。5G 将满足人们在居住、工作、休闲和交通等各种区域的多

5G 的典型场景

样化业务需求,即便在密集住宅区、办公室、体育场、露天集会、地铁、快速路、高铁和广域覆盖等具有超高流量密度、超高连接数密度、超高移动性特征的场景,也可以为用户提供超高清视频、虚拟现实、增强现实、云桌面、在线游戏等极致业务体验。与此同时,5G 还将渗透到物联网及各种行业领域,与工业设施、医疗仪器、交通工具等深度融合,有效满足工业、医疗、交通等垂直行业的多样化业务需求,实现真正的"万物互联"。

5G 将解决多样化应用场景下差异化性能指标带来的挑战,不同应用场景面临的性能挑战有所不同,用户体验速率、流量密度、时延、能效和连接数都可能成为不同场景的挑战性指标。从移动互联网和物联网主要应用场景、业务需求及挑战出发,ITU 定义了 5G 三大应用场景:增强移动宽带(Enhanced Mobile Broadband,eMBB)、海量机器通信(Massive Machine Type Communication,mMTC)、超高可靠性与超低时延业务(Ultra Reliable & Low Latency Communication,uRLLC)。

1. 增强移动宽带(eMBB)

增强移动宽带(eMBB)作为传统移动通信系统的主要应用场景,业务成熟度高,是 5G 率先实现的应用,主要满足 2020 年及未来的移动互联网业务需求,也是传统的 4G 主要技术场景。

(1)连续广域覆盖场景

连续广域覆盖场景是移动通信最基本的覆盖方式,以保证用户的移动性和业务连续性为目标,为用户提供无缝的高速业务体验。该场景的主要挑战在于随时随地(包括小区边缘、高速移动等恶劣环境)为用户提供 100 Mbit/s 以上的用户体验速率。

(2)热点高容量场景

热点高容量场景主要面向局部热点区域,为用户提供极高的数据传输速率,满足网络极高的流量密度需求。1 Gbit/s 的用户体验速率、数十 Gbit/s 的峰值速率和数十 Tbit/(s·km²)的流量密度需求是该场景面临的主要挑战。

2. 海量机器通信(mMTC)

海量机器通信(mMTC)场景主要面向智慧城市、环境监测、智能农业、森林防火等以传感和数据采集为目标的应用场景,具有小数据包、低功耗、海量连接等特点。这类终端分布范围广、数量众多,不仅要求网络具备超千亿连接的支持能力,满足 100 万/km² 的连接数密度指标要求,而且还要保证终端的超低功耗和超低成本。

3. 超高可靠性与超低时延业务(uRLLC)

超高可靠性与超低时延业务(uRLLC)主要面向车联网、工业控制等垂直行业的特殊应用需求,这类应用对时延和可靠性具有极高的指标要求,需要为用户提供毫秒级的端到端时延和接近 100% 的业务可靠性保证。

以三大应用场景为基础,5G 移动通信技术可以应用于各行各业,其衍生出的垂直应用种类繁多,如图 1.4.1 所示。

1.4.2 5G 的关键能力

为满足 eMBB、mMTC 和 uRLLC 三大类应用场景的需求,应对 5G 性能指标和效率指标要求带来的挑战,5G 定义了八个关键能力:用户体验数

5G 的关键能力

据速率、时延、连接数密度、峰值数据速率、移动性、流量密度、网络能效和频谱效率,如图 1.4.2 所示。

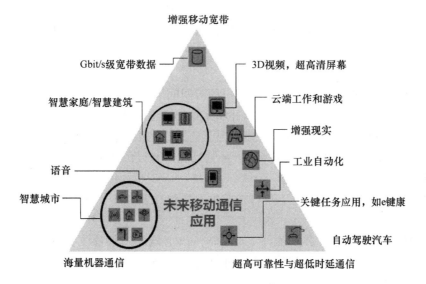

图 1.4.1 5G 应用示意图

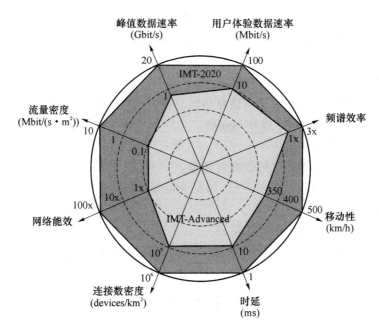

图 1.4.2 5G 的八大关键能力

1. 峰值数据速率

峰值数据速率：单用户可获得的最高数据速率。

根据移动通信市场发展需求，5G 网络需要 10 倍于 4G 网络的峰值数据速率，即达到 10 Gbit/s 量级。在一些特殊场景下，用户有单链路速率达到 20 Gbit/s 的需求。

2. 用户体验数据速率

用户体验数据速率：处于覆盖范围内的单个用户可获得的最小数据速率（当该用户有相应的业务需求时）。

5G 要求用户体验速率达到 0.1～1 Gbit/s，需要能够保证在绝大多数条件下（如 98% 以上概率),任何用户能够获得 10 Mbit/s 及以上速率体验保障。对于特殊需求用户和业务,5G 系统需要提供高达 100 Mbit/s 的业务速率保障,以满足部分特殊高优先级业务(如急救车内的高清医疗图像传输服务)的需求。

3. 时延

时延:数据包从网络相应节点传送至用户的时间间隔。

5G 需要为用户提供随时在线的体验,并满足诸如工业控制、紧急通信等更多高价值场景需求。要求进一步降低用户面时延和控制面时延,使时延达到毫秒量级。5G 时延相对 4G 缩短 5~10 倍,达到人力反应的极限,如 5 ms(触觉反应),并提供真正的永远在线体验。

4. 移动性

移动性:在不同用户移动速度下获得指定服务质量以及在不同无线接入点间无缝迁移的能力。

5G 需要能够保证在绝大多数条件下(如 98% 以上概率),能够支持 350 km/h 的移动速度。特殊情况下 5G 系统可以支持的移动速度可达 500 km/h。

5. 连接数密度

连接数密度:单位面积内的连接设备总量。

5G 网络用户范畴极大扩展,未来连接的器件数目将达到 500 亿~1 000 亿,这就要求单位覆盖面积内支持的器件数目极大增长,5G 要求连接数密度达到 100 万/平方千米,相对 4G 增长 100 倍。

6. 网络能效

网络能效:与网络能量消耗对应的信息传输总量,以及设备的电池寿命。

5G 要求网络能效相对于 4G 提升 100 倍。

7. 频谱效率

频谱效率:单位频谱资源提供的数据吞吐量。

5G 要求频谱效率比 4G 提高 3~5 倍,解决流量爆炸性增长带来的频谱资源短缺。

8. 流量密度

流量密度:单位面积区域内的总流量。

由于连接数密度和高速数据业务的需求,5G 要求流量密度达到 $10 \text{ Mbit/(s} \cdot \text{m}^2)$。

习题与思考

1. 简述麦克斯韦方程组各方程的含义及其意义。
2. 从需求和技术发展角度论述移动通信系统的演进历史。
3. 论述推动 5G 发展的驱动力。
4. 简述 5G 的技术创新点。
5. 论述 5G 技术发展成为国家战略的原因。
6. 简述 5G 标准化制定的几个阶段。
7. 简述 5G 的三大典型场景。
8. 简述 5G 的八大关键能力。

项目二　移动通信理论基础

【项目说明】论述移动通信的电波传播、信号调制、移动通信关键技术等相关理论,分析移动通信网络依赖的技术基础。

【项目内容】
- 移动通信电波传播
- 移动通信信号处理
- 移动通信关键技术

【知识目标】
- 掌握移动通信电波传播理论;
- 理解移动通信信号传播中面临的各种影响;
- 掌握信号处理的基本理论和方法;
- 掌握移动通信关键技术。

任务一　移动通信电波传播

现有陆地移动通信系统广泛使用电磁波 VHF 和 UHF 的 150 MHz、450 MHz、900 MHz、1 800 MHz、2 GHz 和 3 GHz 频段,不同频段的电波传播是移动通信的基础。

2.1.1　无线电波的传播方式

移动通信是指移动体在运动中进行通信联系,信号的传输必须依靠无线电波。

无线电波的
传播方式

1. 无线电波的传播路径

发射机天线发出的无线电波可以从不同的路径到达接收机。这些电波大体上可归结为直射、反射、折射、绕射和散射等形式,其中反射、绕射和散射是影响移动通信中电波传播的基本形式。典型的传播路径如图 2.1.1 所示。

沿路径①从发射天线直接到达接收天线的电波称为直射波;沿路径②经过建筑物墙面反射到达接收天线的电波称为反射波;沿路径③经树叶(可为物体的粗糙表面或小物体等)散射到达接收天线的电波称为散射波;沿路径④绕过障碍物遮挡向前传播到达接收天线的电波称为绕射波。电磁波经过大气层时,还会受到大气层影响,产生折射现象,使得传播路径产生弯曲。

2. 直射

(1)自由空间传播

直射波传播可按自由空间传播来考虑。所谓自由空间传播指天线周围为均匀无损耗无限

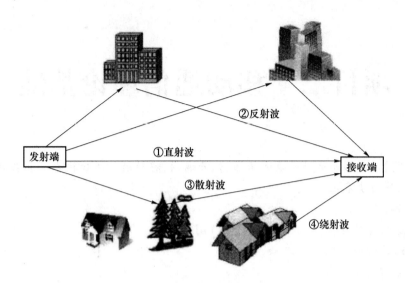

图 2.1.1　典型的移动信道电波传播路径

大真空时的电波传播,它是理想传播条件。电波在自由空间传播时,其能量既不会被障碍物所吸收,也不会产生反射或散射。

自由空间传播的电磁波为波阵面为同心球面的球面波,波阵面亦称"波面",它是波在传播过程中,介质内振动相位相同的点连成的同相位面。电磁波在自由空间的传播过程中,波形保持不变,其振幅与球心的距离成反比例地衰减变化。

这是由自由空间的特点决定的:自由空间是不吸收电磁能量的理想介质。电磁波在自由空间里传播不受阻挡,不产生反射、折射、绕射、散射和吸收;但是,当电磁波经过一段路径传播之后,能量仍会受到衰减,这是由辐射能量的扩散而引起的,即产生了扩散损耗。

扩散损耗是自由空间的损耗形式:能量以球面波方式传播,在传播过程中,接收天线能捕获的信号功率仅仅是发射天线辐射功率的很小一部分,而大部分随着传播距离增大,由于在扩散过程中引起的球面波扩散损耗过程散失掉了,如图 2.1.2 所示。

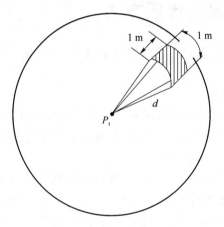

图 2.1.2　自由空间传播的扩散损耗示意图

（2）无线电波的视距传播

无线电波是沿着直线传播的,视距传播是指发射天线和接收天线处于相互能看见的视线距离内的传播方式。

　　由于地球表面的弯曲,凸起的表面会挡住视线,因此在地球表面,视线传播有一个极限距离,如图 2.1.3 所示。由于大气折射的影响,图中的地球半径R_e不是实际的地球半径,而是经过调整的等效地球半径。

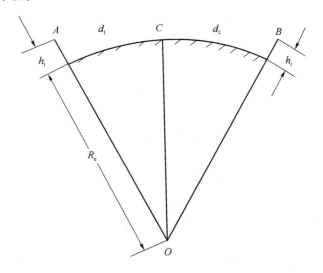

图 2.1.3　无线电波的视线传播

　　不考虑能量消散,单纯根据几何原理计算得出视线传播的极限距离 d:

$$d_1 \approx \sqrt{2 R_e h_t} \tag{2.1.1}$$

$$d_2 \approx \sqrt{2 R_e h_r} \tag{2.1.2}$$

$$d = d_1 + d_2 = \sqrt{2 R_e}(\sqrt{h_t} + \sqrt{h_r}) \tag{2.1.3}$$

　　在标准大气折射条件下,等效地球半径为 8 500 km,则式(2.1.3)可化简为

$$d = 4.12(\sqrt{h_t} + \sqrt{h_r}) \tag{2.1.4}$$

其中,d 的单位为 km,而h_t和h_r单位为 m。

3. 反射

　　电波传播过程中遇到两种不同介质的光滑界面时,如果界面尺寸比电波波长大得多,就会产生镜面反射,如图 2.1.4 所示。通常,在考虑地面对电波的反射时,按平面波处理,即电波在反射点的反射角等于入射角。反射波场强的幅度等于入射波场强的幅度,而相差为 180°。

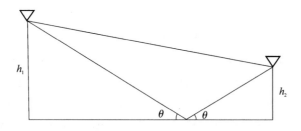

图 2.1.4　反射波传播示意图

　　反射在接收端会产生与直射波的合成场强。

4. 折射

　　当电磁波从一种介质射入另一种介质时,传播方向会发生变化,这就是折射现象,如图 2.1.5 所示。入射波与反射面法线间的夹角,称为入射角;折射波与法线间的夹角,称为折射角。

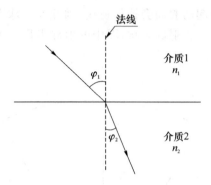

图 2.1.5　折射波传播示意图

当电磁波通过折射率随高度变化的大气层时,由于不同高度上的电波传播速度不同,从而使电波传播方向发生弯曲,这种现象称为大气对电波的折射。

5. 绕射

绕射使得无线电信号可以传播到阻挡物后面。由于电波的直射路径上存在各种障碍物而引起绕射损耗。

根据惠更斯原理(图 2.1.6),介质中任一处的波动状态是由各处的波动决定的。波在介质中传播时,某时刻刚刚开始位移的质点构成的面形成了波前。球形波前上的每一点(面源)都是一个次级球面波的子波源。

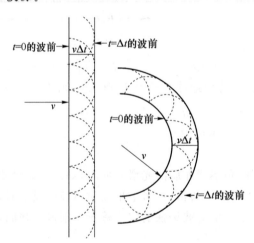

图 2.1.6　惠更斯原理示意图

波前上的所有点可作为产生次级波的点源,这些次级波组合起来形成传播方向上新的波前。当电波到达阻挡物的边缘时,由次级波的传播进入阴影区,即产生衍射现象。

在实际陆地无线通信中,发射与接收之间的传播路径上,往往有山丘、建筑物、树木等障碍物存在。此时,电波根据绕射原理越过障碍物,由此而引起的损耗称为绕射损耗。

由于波动特性,电波从发射端到接收端传播时的能量传送是分布在一定空间内的。其分布特性可以简单定义为:从发射机到接收机的次级波路径长度比总的视距长度大 $n\lambda/2$ 的连续区域(如图 2.1.7 所示的圆环区域),即费涅尔区。

在工程中,如果第一费涅尔区(N_1)的一半不被障碍物阻挡,就认为可以获得自由空间传播。

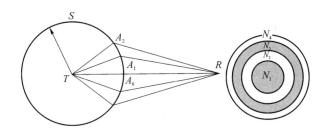

图 2.1.7　费涅尔区示意图

因此,可自由传播的区域与电磁波的波长有关。在地面上的障碍物高度一定的情况下,波长越长,频率越低,其横截面积越大,相对遮挡面积就越小,接收点的场强就越大,则绕射能力就越强。

当障碍物的宽度与其高度相比较很小时,称为刃形障碍物。对于刃形障碍物,可以不考虑宽度对电波传播的影响。

6. 散射

当均匀媒质中存在某一物体(如空气中的雨滴、灰尘)时,它将对入射电磁波产生散射。电磁波在空气中传播时往往受到云、雨或冰雹等水汽凝结物的散射,这些散射体都可以模拟为球形体。由半径远小于波长的介质球所引起的散射,称为瑞利散射(Rayleigh Scattering)。

例如,当太阳光射入大气层时,受到空气分子的瑞利散射,紫光和红光的频率不同,则受到的散射功率也不同,大气粒子对紫光的散射比红光散射强约 5 倍,因此白天晴朗的天空颜色主要是紫色和蓝色,并混有一些绿色、黄色和很小的红色,最终形成天蓝色。

电磁波在大气中传播时遇到空气分子和云滴、雨滴等漂浮质点时,入射电磁波从这些质点上向四面八方传播,影响电磁波传播路径的改变。

发射机天线发出的电波经过上述多种传播路径最终到达接收机,这些来自同一波源的电波信号叠加在一起会产生干涉,即多径衰落现象(见 2.1.3 节)。

2.1.2　移动通信的地形、地物

移动通信系统的电波传播受地形、地物的影响较大,为了表示地形、地物对路径传输的影响,有必要对地形、地物进行定义和分类。

移动通信的
地形、地物

1. 地形的特征

地形波动高度 Δh 在平均意义上描述了电波传播路径中地形变化的程度。Δh 定义为沿电波传播方向,距接收地点 10 km 范围内,10% 高度线和 90% 高度线的高度差,如图 2.1.8 所示。10% 高度线是指在地形剖面图上有 10% 的地段高度超过此线的一条水平线。90% 高度线可用同样的方法定义。

移动台天线有效高度定义为移动台天线距地面的实际高度。基站天线有效高度 h_b 定义为沿电波传播方向,距基站天线 3～15 km 的范围内平均地面高度以上的天线高度,如图 2.1.9 所示。

2. 地形的分类

实际地形虽然千差万别,但从电波传播的角度考虑,可分为两大类,即准平坦地形和不规则地形。

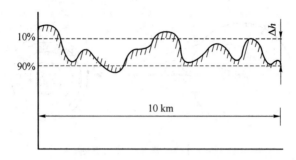

图 2.1.8 地形波动高度 Δh

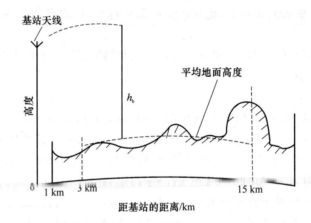

图 2.1.9 天线有效高度

准平坦地形是指该地区的地形波动高度在 20 m 以内,而且起伏缓慢,地形峰顶与谷底之间的水平距离大于地面波动高度,在以千米计的范围内,其平均地面高度差仍在 20 m 以内。不规则地形是指除了准平坦地形之外的其他地形。不规则地形按其形态,又可分为若干类,如丘陵地形、孤立山峰、斜坡和水陆混合地形等。

实际上,各类地形的主要特征是地形波动高度 Δh。各类地形 Δh 的估计值如表 2.1.1 所示。

表 2.1.1 各类地形 Δh 的估计值

地形	$\Delta h/m$	地形	$\Delta h/m$
非常平坦地形	0~5	小山区	80~150
平坦地形	5~10	山区	150~300
准平坦地形	10~20	陡峭山区	300~700
小土岗式起伏地形	20~40	特别陡峭山区	≫700
丘陵地形	40~80		

3. 地物的分类和定义

地物指地面影响传播的障碍物,也称为地面用途参数(Clutter 参数)。按地物划分,可分为以下几类。

(1)开阔地区

在电波传播方向上没有建筑物或高大树木等障碍的开阔地带。其间,可有少量的农舍等建筑。平原地区的农村就属于开阔地区。另外,在电波传播方向 300～400 m 以内没有任何阻挡的小片场地,如广场,也可视为开阔地区。

（2）郊区

有 1～2 层楼房,但分布不密集,还可有小树林等。城市外围以及公路网可视为郊区。

（3）中小城市地区

建筑物较多,有商业中心,可有高层建筑,但数量较少,街道也比较宽。

（4）大城市地区

建筑物密集,街道较窄,高层建筑也较多。

2.1.3　无线电波的衰落特性

无线电波的
衰落特性

沿路移动测试并记录不同距离接收点的模拟信号的电平,其场强特性如图 2.1.10 所示。接收点的信号场强值(dB)是距离 d 的函数,随距离的增加而呈下降的总趋势。信号场强值在下降的过程中有一定波动:中值慢速起伏变化,称为慢衰落;瞬时值快速起伏变化,称为快衰落。

对移动条件下场强特性进行分析可知,移动通信环境电波传播的衰落特性有如下影响因素:路径损耗、阴影效应、多径效应、多普勒效应。

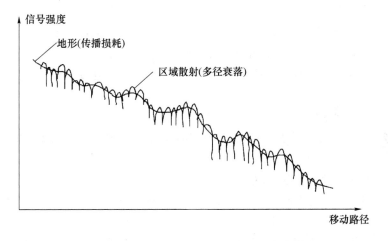

图 2.1.10　移动场强测试与模拟信号的场强特性

1. 路径损耗

路径损耗一般指无线电波在传输过程中由于受到介质的影响而造成的损耗。这些损耗中既有自由空间损耗(指天线周围为无限大真空时的电波传播损耗),也有散射、绕射等引起的附加损耗。

通常用传输损耗来表示电波通过传输媒质时的功率损耗。将球面传播的电磁波的发射功率 P_t 与接收功率 P_r 之比定义为传输损耗,或称系统损耗。可得出球面波传输损耗 L_s 的表达式为

$$L_s = \frac{P_t}{P_r} = \left(\frac{4\pi d}{\lambda}\right)^2 \frac{1}{G_t G_r} \qquad (2.1.5)$$

其中,G_t、G_r 分别为发射天线和接收天线的增益。

在自由空间中,电波沿直线传播而不被吸收,也不发生反射、折射和散射等现象,直接到达接

收点的传播方式称为直射波传播。直射波传播损耗可看成自由空间传播损耗 L_0,发射天线和接收天线都为点源天线时,式(2.1.5)的对数形式表示为

$$L_0 = 10\lg \frac{P_t}{P_r} = 10\lg \left(\frac{4\pi d}{\lambda}\right)^2 \tag{2.1.6}$$

根据波长和频率的关系:

$$\lambda f = c \tag{2.1.7}$$

当距离 d 的单位为 km,波长 λ 对应的频率 f 的单位为 MHz 时,式(2.1.6)可化简为

$$L_0 = 32.45 + 20\lg d + 20\lg f \tag{2.1.8}$$

当电波频率提高 1 倍或传播距离增加 1 倍时,自由空间传播损耗分别增加 6 dB,因此频率越低,则损耗越小。

2. 传播模型

在实际情况下,电波在直射传播中存在各种障碍物,路径传播损耗比自由空间传播损耗大。根据长期实践的结果,人们总结出了许多实用的路径损耗定量分析模型,如 Okumula-Hata、COST231-Hata 及通用传播模型等。

(1) Okumula-Hata 模型

Okumula-Hata 模型是应用于 150～1 000 MHz 的模型,它适用于小区半径为 1～20 km 的宏蜂窝模型,基站天线高度为 30～200 m,终端天线高度为 0～1.5 m。

Okumula-Hata 传播模型公式为

$$L_p = 69.55 + 26.16\lg f - 13.82\lg h_b + (44.9 - 6.55\lg h_b)\lg d + A_{hm} \tag{2.1.9}$$

$$A_{hm} = (1.1\lg f - 0.7)h_m - (1.56\lg f - 0.8) \tag{2.1.10}$$

其中:f 为频率;h_b 为基站天线有效高度;h_m 为移动台天线有效高度;d 为发射天线和接收天线之间的水平距离。

(2) COST231-Hata 模型

COST231-Hata 模型应用于 1 500～2 000 MHz,小区半径为 1～20 km 的宏蜂窝系统,发射天线高度为 30～200 m,终端天线高度为 1～10 m。

COST231-Hata 传播模型公式为

$$L_p = 46.3 + 33.9\lg f - 13.82\lg h_b + (44.9 - 6.55\lg h_b)\lg d - A_{hm} + C_m \tag{2.1.11}$$

$$A_{hm} = (1.1\lg f - 0.7)h_m - (1.56\lg f - 0.8) \tag{2.1.12}$$

其中:f 为频率;h_b 为基站天线有效高度;h_m 为移动台天线有效高度;d 为发射天线和接收天线之间的水平距离;C_m 为大城市中心校正因子,大城市中 C_m 为 3 dB,中等城市和郊区中心区中 C_m 为 0 dB。

在实际使用过程中,还需要考虑到现实环境中各种地形地物对电波环境的影响,对传播模型进行修正,以保证覆盖预测结果的准确性。

(3) 通用传播模型

在各种规划软件中,使用通用传播模型,对模型参数校正后再使用。

通用传播模型的传播模型公式为

$$L_p = K_1 + K_2\lg(d) + K_3\lg(H_{T_{xeff}}) + K_4 \text{diffraction loss} + K_5\lg(d) \times$$
$$\lg(H_{T_{xeff}}) + K_6(H_{R_{xeff}}) + K_{clutter}f(\text{clutter}) \tag{2.1.13}$$

其中:K_1 为与频率相关的常数;K_2 为距离衰减常数;K_3 为基站天线高度修正系数;K_4 为绕射损耗的修正因子;K_5 为基站天线高度与距离修正系数;K_6 为终端天线高度修正系数;$K_{clutter}$ 为地

物 clutter 的修正因子；$H_{T_{xeff}}$ 为发射天线的有效高度；diffraction loss 为传播路径上障碍物绕射损耗；$H_{R_{xeff}}$ 为接收天线的有效高度；f(clutter) 为地貌加权平均损耗。

不同地形、地物情况下的参考修正值如表 2.1.2 所示。

表 2.1.2　不同地形、地物情况下的参考修正值

地形、地物	参考修正值/dB	地形、地物	参考修正值/dB
内部水域	−1	高层建筑	18
海域	−1	普通建筑	2
湿地	−1	大型低矮建筑	−0.5
乡村	−0.9	成片低矮建筑	−0.5
乡村开阔地带	−1	其他低矮建筑	−0.5
森林	15	密集新城区	7
郊区城镇	−0.5	密集老城区	7
铁路	0	城区公园	0
城区半开阔地带	0		

3. 阴影效应

移动台在运动的情况下，由于周围地形地物对电波的传输路径的阻挡而在传播接收区域上形成半盲区，从而形成接收点场强中值的起伏变化，即电磁场"阴影"。这种现象被称为阴影效应。

由于阴影效应的影响，电磁波的局部中值电平随地点、时间以及移动台速度作比较平缓的变化，其衰落周期以秒级计，称作慢衰落或长期衰落。慢衰落近似服从对数正态分布（图 2.1.11），即以分贝数表示的信号电平变化为正态分布。

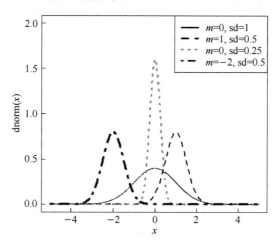

图 2.1.11　对数正态分布示意图

4. 多径效应

传播过程中会遇到各种建筑物、树木、植被以及起伏的地形，引起电波的反射、散射，如图 2.1.12 所示。这样，到达移动台天线的信号不是由单一路径来的，而是多路径电波的合成。

由于电波通过各个路径的距离不同，因而各条路径电波信号到达时间不同，相位也就不同。不同相位的多个信号在接收端叠加，有时同相叠加而增强，有时反相叠加而减弱。这样，

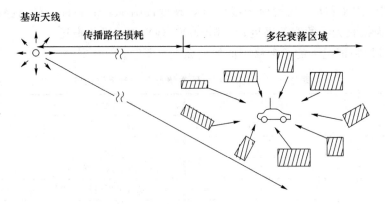

图 2.1.12　移动通信信道环境

接收信号的幅度与相位将呈现较为快速的变化,接收信号的中值变化近似服从瑞利分布(图 2.1.13),通常称为瑞利快衰落。这种衰落是由于多径传播引起的,又称为多径衰落。

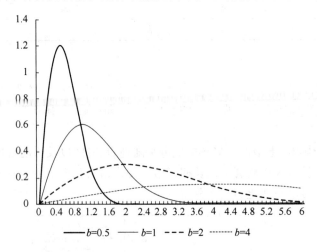

$b=0.5$　　$b=1$　　$b=2$　　$b=4$

图 2.1.13　瑞利分布函数曲线示意图

5. 多普勒效应

多普勒效应指移动台在运动中通信时,相对速度引起的频率偏移。

在移动通信中,终端移向基站时,频率变高;远离基站时,频率变低。多普勒公式为

$$f_D = \frac{V}{\lambda} \cos \theta \tag{2.1.14}$$

其中:f_D 为多普勒频移量;V 为相对速度;λ 为电磁波的波长;θ 为电波传播的角度。

根据多普勒频移的公式,终端运动速度越快,多普勒频移越明显,如表 2.1.3 所示。

表 2.1.3　典型的多普勒频移　　　　　　　　　　（单位:kHz）

频率	速度			
	10 km/h	60 km/h	100 km/h	350 km/h
450 MHz	0.8	5.0	8.3	29.2
800 MHz	1.5	8.9	14.8	51.9
1 800 MHz	3.3	20.0	33.4	116.7
2 100 MHz	3.9	23.3	38.9	138.2

2.1.4 移动通信的频率和频段

移动通信的
频率和频段

通常无线电波所指的是从甚低频 3 kHz 到极高频 300 GHz 这个频率范围的电磁波,通常划分成八个区域,如表 2.1.4 所示。无线电波的产生和传输受国际法律的严格管制,由 ITU 协调。《中华人民共和国民法典》规定:无线电频谱资源属于国家所有。

表 2.1.4　无线电波频段划分

频段名称	甚低频	低频	中频	高频	甚高频	特高频	超高频	极高频
缩写	VLF	LF	MF	HF	VHF	UHF	SHF	EHF
频率范围	3~30 kHz	30~300 kHz	300 kHz~3 MHz	3~30 MHz	30~300 MHz	300 MHz~3 GHz	3~30 GHz	30~300 GHz
波段	甚长波	长波	中波	短波	米波	分米波	厘米波	毫米波
波长范围	100~10 km	10~1 km	1 km~100 m	100~10 m	10~1 m	1 m~100 mm	100~10 mm	10~1 mm
用法	声音、超声、地球物理学	国际广播、全向信标	调幅广播、全向信标、海事及航空通信	短波、民用电台	调频广播、电视广播、航空通信	电视广播、无线电话通信、无线网络、微波炉	无线网络、雷达、人造卫星接收	射电天文学、遥感、人体扫描安检仪

频率是移动通信最重要的基础资源,为了协调各国的频率,ITU 针对蜂窝移动通信 IMT 所使用的频率资源给出了相关规划建议。1992 年在西班牙召开的世界无线电行政大会(WARC-92)和分别在 2000 年、2007 年、2015 年召开的世界无线电大会中,ITU 已经为移动通信规划了 1 564 MHz 的频率资源;2019 年世界无线电通信大会(WRC-19)最终批准了 275~296 GHz、306~313 GHz、318~333 GHz 和 356~450 GHz 频段共 137 GHz 带宽资源可无限制条件地用于固定和陆地移动业务应用。世界无线电大会为移动通信分配的频率资源如表 2.1.5 所示。

表 2.1.5　世界无线电大会为移动通信分配的频率资源

大会	频段范围	频段带宽	小计	备注
WARC-92	1 885~2 025 MHz	140 MHz	230 MHz	
	2 110~2 200 MHz	90 MHz		
WRC-2000	806~960 MHz	154 MHz	519 MHz	
	1 710~1 885 MHz	175 MHz		
	2 500~2 690 MHz	190 MHz		
WRC-07	450~470 MHz	20 MHz	428 MHz	在部分区域使用 790~862 MHz
	698~806 MHz	108 MHz		
	2 300~2 400 MHz	100 MHz		
	3 400~3 600 MHz	200 MHz		
WRC-15	694~790 MHz	96 MHz	387 MHz	
	1 427~1 518 MHz	91 MHz		
	3 600~3 800 MHz	200 MHz		

大会	频段范围	频段带宽	小计	备注
WRC-19	275～296 GHz	21 GHz	137 GHz	
	306～313 GHz	7 GHz		
	318～333 GHz	15 GHz		
	356～450 GHz	94 GHz		
合计			1 564 MHz＋137 GHz	

其中,1 000 MHz 以下的频率资源为 450～470 MHz、694～960 MHz,总带宽为 286 MHz;1 000～3 000 MHz 的频率资源为 1 427～1 518 MHz、1 710～2 025 MHz、2 110～2 200 MHz、2 300～2 400 MHz、2 500～2 690 MHz,总带宽为 786 MHz;3 000～4 000 MHz 频率资源为 3 400～3 800 MHz,总带宽为 400 MHz;30 GHz 以上频率资源为 137 GHz,为移动通信技术的进一步发展提供了频谱资源保证。

任务二　移动通信信号处理

在通信过程中,为了以信号承载信息或从信号中提取信息,方便信息的采集、传输和接收,需要对信号进行处理或者加工,这个处理加工的过程就是信号处理。信号处理即是对信号进行某种形式的加工或变换,如滤波、放大、压缩、提取,甚至变为另一种表现形式的过程。

常见的信号处理过程有:剔除信号中冗余的部分;采取措施过滤掉混合在有用信号中的干扰和噪声;将信号进行变换以利于信号的分析识别等。生活中的光电信号大多由大脑来进行信号的处理,人眼看见了狼烟,大脑就要将信号按照事先规定好的规则将其解码为人类明白的信息:"有敌情,速来支援";而现代通信过程中,人很少直接参与信号(特别是光、电等)的解码,包括调制、编码、加扰、滤波、除噪等在内的信号处理过程都由计算机来实现。

2.2.1　信号与信息

信号是信息的表现形式和传输载体,信息是信号的具体内容。

信号与信息

信号是独立变量的函数,反映出事物在物理、化学、生物及各种工程领域中随独立变量变化的现象与动态规律,蕴含自身特征的丰富信息。古代的烽火台通信,敌人来袭,烽火台的士兵点燃狼粪,狼烟又直又高,冲向天空,这里的狼烟就是一种信号,它要传达的信息是敌军进犯,速来救援! 无线电报用嘀嗒的代码传递消息,无线电传输的是无线电信号。电话将声音信号转换为电信号在电缆中传送。如今生活中常用的手机更是可以传送语音、图像、视频及其他各种数据的信号。

信息通常是指某个事物所表达的一些意思或内容,它没有明确的定义,很难用数学模型来描述。1948 年,信息论奠基人香农(Claude Elwood Shannon,1916—2001 年)给出了信息的原始定义,他指出:"信息是二次不定性之差。不定性就是对事物认识不清楚、不知道。信息就是消除人们认识上的不定性。"根据引入条件的不同,可以得出不同层次和不同适用范围的信息定义。北京邮电大学钟义信教授从本体论和认识论层次对信息进行了定义:本体论层次的信息是事物运动的状态和状态改变的方式;认识论层次的信息是认识主体所感知或所表述的事物运动的状态和方式。通常来说,信息是客观事物运动状态的表征与描述,是自然界、人类社会和人类思维活动普遍存在的一切物质和事物的属性。获得了某个事物的信息,就是了解了该事物运动的状态及其状态改变的方式。

无论是烽火通信中的光(烟)信号、人们交流对话时的声音信号,还是电话、电报中的电信号,都承载了需要表达和传播的信息,信息需要经过接收端正确地解码,才能被正确地接收,从而实现通信和交流的目的。

2.2.2　模拟与数字

模拟与数字

根据信号的独立变量(特别是时间变量)与取值的连续与否,可以将信号分为模拟信号和数字信号。

1. 模拟信号

模拟是对真实事物或者过程的虚拟。模拟信号是指用连续变化的物理量表示的信息,它在时间和幅值上都是连续的,如图 2.2.1(a)所示。在通信信道中传输模拟信号的系统称为模拟通信系统。生活中,人们说话的声音就是模拟信号,人们的声带系统就是一个简单的模拟通信系统。声带通过振动产生声波,声波在空气中传播到接收端,也就是倾听者的耳朵里。

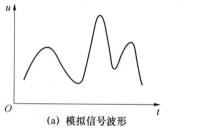
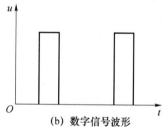

(a) 模拟信号波形　　　　　(b) 数字信号波形

图 2.2.1　模拟信号与数字信号的波形

模拟通信的优点是直观,易于实现。它的缺点很明显,一是保密性差,很容易被窃听;二是抗干扰能力弱,信号在信道传输时难免会受到各种噪声和干扰的影响,这些噪声和干扰很难与信号分开,通信质量因此受到影响。

2. 数字信号

数字信号是模拟信号抽样而来的,在时域上是离散的,幅值是在各时间点的抽样值,如图 2.2.1(b)所示。在通信信道中传输数字信号的系统称为数字通信系统。

数字通信相对于模拟通信,最大的优点是拥有差错控制功能的信道编码技术。数字通信的码流只有高低两个电平,容易进行判断和控制,在信道编码的过程中,能插入冗余的信息来提高信道传输的可靠性。而模拟通信技术不具备信道编码技术,在差错控制方面与数字通信技术差距较大。

另外,数字通信易于对信号进行加密处理,提高了通信的保密性;数字集成电路技术的飞速发展使得采用数字通信技术的终端具有体积小、重量轻、设备成本低的优势。

3. 从模拟到数字

日常生活中的信号多是模拟信号,它们可以通过一定的方法转化为现代通信中的数字信号。例如,语音信号可经过抽样、量化、编码的处理过程变成数字信号。

（1）抽样

抽样又称为取样，是指每隔一定的时间间隔抽取模拟信号的一个瞬时幅度值（称为抽样值或样值）。由此得出的一串在时间上离散的抽样值称为样值信号。抽样的实现是在信号的通路上加一个电子开关，按一定的速率进行开关动作。当开关闭合时，信号通过；当开关断开时，信号被阻断。这样，通过开关后的信号就变成了时间上离散的脉冲信号，如图 2.2.2 所示。

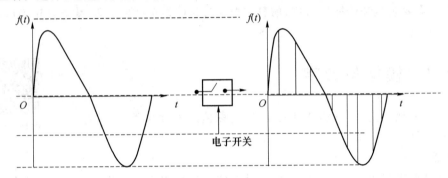

图 2.2.2　抽样实现原理示意图

通过抽样把像话音这样的连续模拟信号变成断续的脉冲信号，只要断续的速度足够快，用户听起来就不会有断续的感觉。这如同我们看电影一样，当胶片旋转得足够快，能够达到 1 s 转过 24 张胶片时，人眼是感觉不到胶片有断续的。那么，1 s 应该传送多少个脉冲才能让我们的耳朵感觉不到断续呢？下面的抽样定理给出了结论。

抽样定理：一个模拟信号 $f(t)$ 所包含的最高频率为 f_H，对它进行抽样时，如果抽样频率 $f_s \geqslant 2 f_H$，则从抽样后得到的样值信号 $f_T(t)$ 可以无失真地恢复原模拟信号 $f(t)$。例如，一路电话信号的频带为 300～3 400 Hz，则抽样频率 $f_s \geqslant 2 \times 3\ 400 = 6\ 800$ Hz。一般经常选定 $f_s = 2 f_H = 8\ 000$ Hz，则抽样间隔 $T_s = 1/f_s = 125\ \mu s$。

（2）量化

模拟信号经过抽样以后，在时间上离散化，幅值（即抽样值）仍然可能出现无穷多种。如果要想用二进制数字完全无误差地表示这些幅值，就需用无穷多位二进制数字编码才能做到，这显然是不可能的。实际上，只能用有限位数的二进制数字来表示抽样值。这种用有限个数值近似地表示某一连续信号的过程称为"量化"，也就是分级取整。

例如，我们将 −4 V 到 +4 V 的抽样值分为 8 级，每级 1 V，即 −4～−3 V 的都取为 −3.5 V，称为第 0 级，−3～−2 V 都取为 −2.5 V，称为第 1 级，…，3～4 V 都取为 3.5 V，称为第 7 级。这样就把零散的抽样值整理为 8 个量化值（−3.5 V，−2.5 V，…，3.5 V），对应为 8 个量化级（0，1，2，…，7）。图 2.2.3 所示为采用取中间值法对模拟信号进行抽样、量化和编码时的结果。

在以上介绍的量化方法中，量化前的信号幅度与量化后信号的幅度出现了不同。这一差值称为量化误差。量化误差在重现信号时将会以噪声的形式表现出来，我们称它为"量化噪声"。

（3）编码

编码就是给每个已量化的电平赋予一个特定的二进制代码，如量化级 4 可用二进制码元"100"表示，量化级 6 可用二进制码元"110"表示。最常用的编码规则是自然码。表 2.2.1 给出了自然码的编码规则（以 3 位二进制数码为例）。

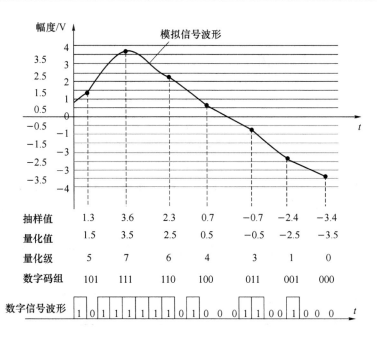

图 2.2.3　PCM 抽样、量化、编码波形图

表 2.2.1　自然码的编码规则

量化值	0	1	2	3	4	5	6	7
编码	000	001	010	011	100	101	110	111

　　每一个量化级对应一个代码,量化级数 M 与代码位数 N 的关系是固定的,即 $M=2^N$。在数字电话通信中,标准编码位数 $N=8$,故量化级数应为 $M=2^8=256$。从前面已经知道,对话音信号进行抽样时的抽样周期为 $T_s=125\ \mu s$,这就意味着在这个周期里要传送 8 个二进制代码,这样每个代码所占用的时长为 $T_B=125/8=15.625\ \mu s$。

　　经过编码后就可以得到图 2.2.3 最下面所示的数字信号。由上可知,在数字通信传输中,信息可以用二进制代码来表示。而二进制代码是用 1 和 0 这两种符号来代表的。这种在通信中传送的数字信号的一个波形符号被称为"码元",它所包含的信息量称为比特(bit)。

　　4. 信息量

　　在通信进入数字化时代后,不论信息是什么形式,是文字、数据、话音或是图像,其信息量都可以用比特为单位来表示。因此,比特已成为现代信息技术领域里应用最广的单位,甚至有人把今天的世界称为"比特世界"。在数字通信系统中,通常是用单位时间里传送信息量的多少来衡量系统的有效性,它反映了这个系统传送信息的能力,简称为传输速率或码速,反映了终端设备之间的信息处理能力,是平均值。数字传输的度量单位为 bit/s(比特/秒)。常用的单位还有 Kbit/s 和 Mbit/s。其中,

$$1\ Kbit/s=1\ 024\ bit/s$$

$$1\ Mbit/s=1\ 024×1\ 024\ bit/s$$

　　信息量的另一个度量单位为字节(Byte),缩写为"B",它是基本的存储单位,一个英文字符占用一个字节,一个汉字占用两个字节。

　　Byte 和 bit 的单位换算关系为

调制与解调

$$1\ \text{B} = 8\ \text{bit}$$

2.2.3 调制与解调

在模拟移动通信系统(图 2.2.4)中,当信源发送的物理信息经过输入变换器变成电信号输出后,如果直接在无线信道中传输,低频的模拟语音信号为 300～3 400 Hz,这个频段的信号不能传输到很远的距离。而根据 VHF/UHF 频段电波的传播特性,该频段电波的传播范围主要是在视距范围内,一般为几十千米,大部分车辆的日常运动半径也在几十千米内,这个频段更适于移动通信。因此,在移动通信系统中,需要将低频信号搬移到较高的载波频率上传输,使发送信号的信号频谱符合传输信道的频谱特性,这种频谱搬移的过程被称为调制。

从广义上来定义,调制就是将信号转换成适合信道传输的波形,或将信号映射成与信道特性相匹配的形式的过程。

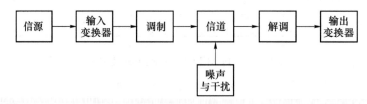

图 2.2.4 模拟移动通信系统框图

无线通信系统需要信号调制的另一个原因是,若要电磁波经天线有效辐射出去,天线的尺寸需要和信号的波长相匹配。移动通信系统要求终端便于移动、携带方便,那么移动终端的天线就不能过长,因此要求其传输频率足够高。

调制除了频谱搬移功能之外,调制后的信号还可以将发射能量尽量集中,同时可以使单位频带传输尽可能多的信号能量,提高了通信的有效性。

解调是指从接收到的信号中恢复出被调制的波形的过程,通过解调接收端可以恢复原信号,以提取出传送的信息,完成通信的目的。

数字移动通信系统的调制主要通过载波参数(如频率、相位、幅度等)的变化来表现数字信号的变化。根据调制载波参数的不同,在移动通信中主要的数字调制方式有以下 4 种:幅移键控(Amplitude Shift Keying, ASK)、频移键控(Frequency Shift Keying, FSK)、相移键控(Phase Shift Keying, PSK)和正交幅度调制(Quadrature Amplitude Modulation, QAM)。

1. ASK

ASK 即根据调制信号的不同,调节载波的幅度。最简单的形式是用载波的"通""断"表示二进制信号的"1"或"0",即 2ASK(图 2.2.5)。二进制序列 ASK 信号的一般表达式为

$$S_{2\text{ASK}}(t) = S(t)\cos \omega_\text{c} t = \Big[\sum_{n=-\infty}^{\infty} a_n g(t - n\,T_\text{s}) \Big] \cos \omega_\text{c} t \qquad (2.2.1)$$

其中

$$a_n = \begin{cases} 1, & n = 2t \\ 0, & n = 2t+1 \end{cases}$$

2ASK 信号可以采用开关电路或乘法器产生(图 2.2.6)。

在许多实际的数字传输系统中往往采用多进制的数字调制方式,即 MASK(Multiple Amplitude Shift Keying,多进制振幅键控)。在 MASK 系统中,以多进制符号代表若干位二

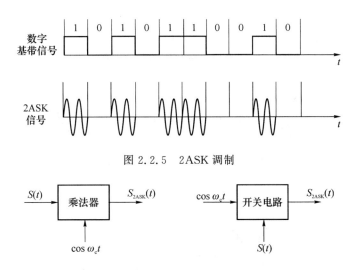

图 2.2.5 2ASK 调制

图 2.2.6 2ASK 产生电路

进制符号,因此其信息速率高于 2ASK 系统。

ASK 解调可以采用相干解调法或包络检波法。其中相干解调需要在接收端恢复出一路与载波同频同相的参考信号,通过乘法器与接收信号相乘进行解调,如图 2.2.7 所示。

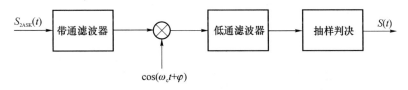

图 2.2.7 2ASK 信号的相干解调示意图

而包络检波通过一段时间长度的高频信号的峰值点连线(包络线)来反映信号振幅的变化,从而提取调制信号,如图 2.2.8 所示。

图 2.2.8 2ASK 信号的包络检波示意图

2. FSK

FSK 即用载波的频率变化来表示调制信号。最简单的形式是 2FSK,用频率为 f_1 和 f_0 的信号分别表示比特"1"和"0"。FSK 信号的一般表达式为

$$S_{2FSK}(t) = \left[\sum_{n=-\infty}^{\infty} a_n g(t - nT_s)\right]\cos \omega_1 t + \left[\sum_{n=-\infty}^{\infty} \overline{a_n} g(t - nT_s)\right]\cos \omega_2 t \quad (2.2.2)$$

其中:a_n 代表二进制信息,通常为 0,1 的形式;$\overline{a_n}$ 为 a_n 的反码。

2FSK 的调制信号如图 2.2.9 所示。

2FSK 信号可以采用相乘器和积分器产生,如图 2.2.10 所示。

同样地,也可采用多进制频移键控(Multiple Frequency Shift Keying,MFSK)。

FSK 的解调方法可以采用相干解调法(图 2.2.11)或包络检波法(图 2.2.12),其原理与 2ASK 信号的解调相同。

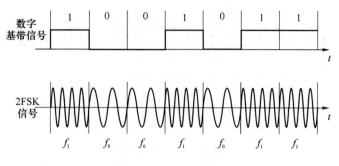

图 2.2.9   2FSK 调制

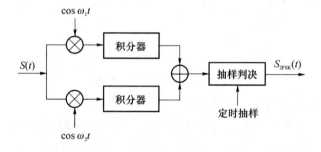

图 2.2.10   2FSK 产生电路

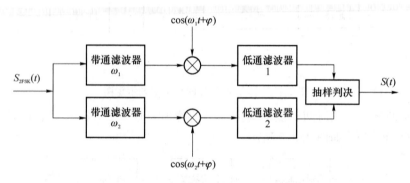

图 2.2.11   2FSK 信号的相干解调示意图

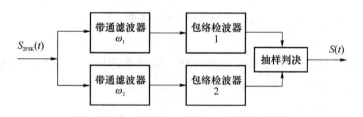

图 2.2.12   2FSK 信号的包络检波示意图

3. PSK

PSK 即用载波相位来表示调制信号。最简单的形式是 BPSK,把载波的 2π 相位分为两个:一个是 0°相位,代表比特"1";另一个是 π 相位,代表比特"0"。PSK 信号的一般表达式为

$$S_{2\text{PSK}}(t) = A\cos(\omega_c t + \varphi_n) \qquad (2.2.3)$$

其中,φ_n 代表第 n 个符号的相位,取值为 $0, \pi$。

BPSK 的调制信号如图 2.2.13 所示。

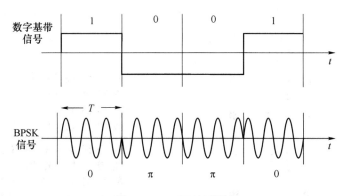

图 2.2.13　BPSK 调制

除了 BPSK 外,还可以把 2π 相位分为 M 个,相应的调制方式称为多进制相移键控(Multiple Phase Shift Keying,MPSK)。例如在 LTE 系统中,就采用了 BPSK 和 QPSK(Quadrature Phase Shift Keying)这两种调制方式。

BPSK 的产生电路如图 2.2.14 所示。

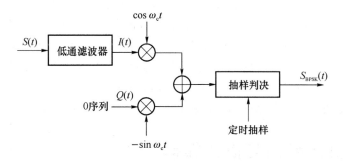

图 2.2.14　BPSK 调制电路

由于 BPSK 信号的幅度与基带信号无关,BPSK 的解调只能采用相干解调法,如图 2.2.15 所示。

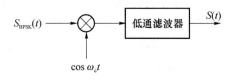

图 2.2.15　BPSK 解调电路

4. QAM

QAM 同时使用载波的幅度和相位的变化来传递信息比特,将一个比特映射为具有实部和虚部的矢量,然后调制到时域上正交的两个载波上进行传输。根据正交幅度调制的发射信号集大小 N 的不同,QAM 对应称为 NQAM。

QAM 发射信号集可以用星座图方便地表示。星座图上每一个星座点对应发射信号集中的一个信号。星座点经常采用水平和垂直方向等间距的正方网格配置,数字通信中星座点的个数一般是 2 的幂。常见的 QAM 形式有 16QAM、64QAM 等。星座点数越多,每个符号能传输的信息量就越大。以 16QAM 为例,其规定了 16 种幅度和相位的状态,一次就可以传输 1 个 4 位的二进制数,如图 2.2.16 所示。

QAM 能很好地提高频谱利用效率,如 LTE 就采用了 16QAM、64QAM 调制方式。

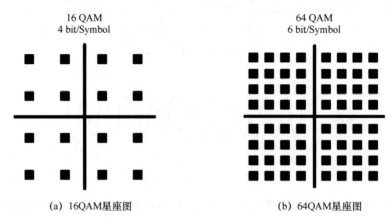

(a) 16QAM星座图　　　　　　　　(b) 64QAM星座图

图 2.2.16　LTE 调制方式星座图

上述介绍的几种典型数字调制技术中,幅移键控(ASK)、频移键控(FSK)和相移键控(PSK)技术是传统数字调制方法。随着大容量和远距离数字通信技术的发展,传统的数字调制方式已不能满足应用的需求,需要采用新的数字调制方式以减小信道对传输信号的影响,在有限的带宽资源条件下获得更高的传输速率,正交幅度调制(QAM)就是满足这种需求的新的调制方式。此外,从传统数字调制技术扩展的技术还包括最小频移键控(Minimum Shift Keying,MSK)、高斯滤波最小频移键控(Gaussian Minimum Shift Keying,GMSK)以及 LTE 系统中所采用的正交频分复用调制(Orthogonal Frequency Division Multiplexing,OFDM)等。

2.2.4　信源编码与信道编码

移动通信系统的任务是将信源产生的信息通过无线信道有效、可靠地传递到目的地。信源编码是以提高信息传输的有效性为目的的编码。在数字通信系统中,信源编码需要将信源转化为适用于在信道中传输的数字

信源编码与
信道编码

形式,还要求用尽可能少的比特传输信源信息,提高通信效率。信道编码是以提高信息传输的可靠性为目的的编码。由于信号在信道传输中不可避免地受到噪声和干扰的影响,所接收的信号会发生错误,通信系统要求对差错进行控制。信道编码将信号变换为适合信道传输的信号,通过加入冗余信息使信息传输具有自动检错与纠错能力,保证通信传输的可靠性。

1. 信源编码

信源编码的目的是有效地将信源转化为适合在信道中传输的数字信号,主要进行模数转换和数据压缩,力求用最少比特位传输与原信号质量相当的信息量,这样做可以用有限的频谱资源容纳更多用户,提高系统的容量。

对于移动通信系统,信源有语音、图像、视频等。从 2G 开始,语音的压缩编码被引入;3G 和 4G 中又引入了图像的压缩编码和视频的压缩编码。下面以语音信号为例,重点介绍通信系统中的语音编码技术。

语音编码可以分为以下三种类型。

(1)波形编码

波形编码的基本原理是在时间轴上对模拟语音按一定的速率进行抽样,然后将幅度样本

分层量化,其编码准则使重建的语音波形保持原语音的波形形状。波形编码的特点是:码率高(16~64 kbit/s),语音质量好。PCM 编码、DPCM 编码都是波形编码,在光纤通信、数字微波通信、卫星通信中均获得了广泛的应用。

（2）参量编码

参量编码的基本原理是利用人的发声机制,提取语音信号的特征参数,然后只对这些参数进行编码传输。参量编码的特点是:低码率,压缩率高(1.2~4.8 kbit/s),但语音质量一般,不满足商用要求。

（3）混合编码

混合编码是将波形编码的高质量和参量编码的高压缩优点结合的编码方式,它可以在8~16 kbit/s速率范围内实现良好的语音质量。

根据移动通信系统的条件,它对语音编码的要求是:

- 码率速度低于 16 kbit/s;
- 话音质量 MOS(Mean Opinion Score,平均意见值)不低于 3.5 分,语音质量评价方法如表 2.2.2 所示;
- 编译码时延不超过 65 ms;
- 算法复杂度适中,易于大规模电路集成。

考虑以上具体要求,移动通信中一般采用混合编码方式。

表 2.2.2　语音质量评价方法

级别	MOS	用户满意度
优	5.0	非常好,听得很清楚,无失真感,无延迟感
良	4.0	稍差,听得清楚,延迟小,有点杂音
中	3.0	还可以,听不太清楚,有一定延迟,有杂音,有失真
差	2.0	勉强,听不太清,有较大杂音或断续,失真严重
劣	1.0	极差,静音或完全听不清楚,杂音很大

2. 信道编码

信道编码的目的是以加入多余的码元(监督码元)为代价,换取信息码元在传输中可靠性的提高。由于信号在无线传输环境中不可避免地受到干扰和噪声的影响,在接收端出现误码,如图 2.2.17 所示,因此需要信道编码技术进行差错控制。

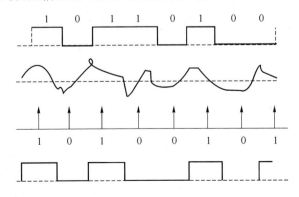

图 2.2.17　信号在信道传输中产生误码的过程

信道编码按功能分,可以分成检错码(能发现某些误码)和纠错码(能发现并纠正某些误码)两种类型。下面分别介绍几种典型的信道编码技术。

(1) 线性分组码

线性分组码首先将信息码分成若干组,分别代表不同的含义,然后为每个码组附加若干位监督码元。在分组码中,监督码仅监督本码组中的信息码元。分组码常用(n,k)来表示,信息码元有 k 位,编码后输出 n 位,附加监督码元为 $r=n-k$ 位。

以一个简单的$(7,4)$线性分组码来举例,$A=[a_6 a_5 a_4 a_3 a_2 a_1 a_0]$是码组,信息码元有 4 位,监督码元有 3 位,即

$$\underbrace{a_6\ a_5\ a_4\ a_3}\ \underbrace{a_2\ a_1\ a_0}$$

信息码元　监督码元

编码后输出码组 A 可由信息码元产生,假设其关系是

$$\begin{cases} a_6=a_6 \\ a_5=a_5 \\ a_4=a_4 \\ a_3=a_3 \\ a_2=a_6+a_5+a_4 \\ a_1=a_6+a_5+a_3 \\ a_0=a_6+a_4+a_3 \end{cases} \tag{2.2.4}$$

这个方程组用矩阵表示可写成

$$A=[a_6 a_5 a_4 a_3]\begin{bmatrix} 1 & 0 & 0 & 0 & 1 & 1 & 1 \\ 0 & 1 & 0 & 0 & 1 & 1 & 0 \\ 0 & 0 & 1 & 0 & 1 & 0 & 1 \\ 0 & 0 & 0 & 1 & 0 & 1 & 1 \end{bmatrix} \tag{2.2.5}$$

也可写成

$$A=[a_6 a_5 a_4 a_3]\times G \tag{2.2.6}$$

其中,$G=\begin{bmatrix} 1 & 0 & 0 & 0 & 1 & 1 & 1 \\ 0 & 1 & 0 & 0 & 1 & 1 & 0 \\ 0 & 0 & 1 & 0 & 1 & 0 & 1 \\ 0 & 0 & 0 & 1 & 0 & 1 & 1 \end{bmatrix}$ 称为生成矩阵。

假设输入的信息码为$[1000]$,代入式$(2.2.6)$,编码后输出的码字为

$$A=[a_6 a_5 a_4 a_3]\times G=[1000]\times\begin{bmatrix} 1 & 0 & 0 & 0 & 1 & 1 & 1 \\ 0 & 1 & 0 & 0 & 1 & 1 & 0 \\ 0 & 0 & 1 & 0 & 1 & 0 & 1 \\ 0 & 0 & 0 & 1 & 0 & 1 & 1 \end{bmatrix}=[1000111]$$

(2) ARQ

ARQ(Automatic Repeat Request,自动重传请求)是在接收端进行差错检测,并自动请求发送端重发的差错控制技术。在 ARQ 中,重发要一直延续到该码字被成功地接收为止。

实际使用中,ARQ 系统多采用线性分组码。在 ARQ 系统中,选用适当的线性码总可使不可检错误概率低于误码指标。ARQ 的主要优点是检错方式简单以及能在非常低的错误概

率下根据信道质量动态调整传输速率。但与前向纠错相比,ARQ 要求有可靠的反馈信道,传输时延较长且不固定以及要求传输系统对信源进行控制等问题,这些问题使 ARQ 主要应用于对时延要求不严格但对误码性能要求高的数据传输中。

ARQ 有停发等待 ARQ、返回重发 ARQ 和选择重发 ARQ 三种基本类型。

① 停发等待 ARQ

停发等待 ARQ 的发送端送出一个码字后,等待从接收端返回的确认信号。确认信号(Acknowledge Character,ACK)通知发送端该码字已被正确收到,而未确认信号(Negative Acknowledgment,NAK)通知发送端收到的码字有错。发送端在收到 ACK 后,即发送下一个码字,而在收到 NAK 后则重发刚才发出的码字,直到收到 ACK 为止。停发等待 ARQ 比较简单,应用较为广泛,其主要缺点是等待确认的期间不能充分利用信道容量,造成通信效率降低和资源的浪费。

② 返回重发 ARQ

在返回重发 ARQ 中,码字被连续地发送,发送端在送出一个码字后不必等待其确认信号。在经过一个往返延迟(即发出一个码字到收到关于这个码字的确认信号所需的时间)后,另外 $N-1$ 个码字已被送出。当收到 NAK 后,发送端退回到 NAK 所对应的码字,重发此码字以及其后的 $N-1$ 个在往返延迟期间已送出的码字,因此发送端要有一个缓存器来存放这些码字。在接收端,在错误接收码字之后的 $N-1$ 个接收码字不管其正确与否均被舍弃,所以在接收端只要存储一个码字即可。因为采用连续地发送和重发,返回重发 ARQ 方式较停发等待 ARQ 有效。但在往返延迟较大的情况下,返回重发 ARQ 方式的效率较低。

③ 选择重发 ARQ

选择重发 ARQ 中码字也是连续传送的,但发送端仅重发那些与 NAK 相对应的码字。通常情况下码字必须按照正确的次序送给用户,在接收端需要一个缓存器来存放检测后无错的接收码字。当最早的 NAK 码字被成功接收后,接收端按相继的次序送出无错的接收码字,直到遇到下一个有错的接收码字时为止。接收端应有足够大的缓存器,否则就会发生溢出而丢失数据。在三种 ARQ 方式中,选择重发 ARQ 效率最高但实现也最复杂。

(3) 交织(Interweave)

交织编码是在实际移动通信环境下改善移动通信信号衰落的一种通信技术。前面讲到的信道编码只能检测或纠正单个误码或者不太长的连续误码,对长串连续的误码无能为力。而现实中干扰和衰落造成的误码往往具有突发性,是长串连续的块状误码。利用交织编码技术可以打乱源信息比特的时间顺序,把一个较长的突发差错离散成随机差错,再利用纠正随机差错的编码技术消除随机误差。

如图 2.2.18 所示,假定某源信息由若干消息分组组成,每分组含 3 bit。交织时,分别由 3 个分组的第 1 比特组成新的第 1 帧,第 2 比特组成新的第 2 帧,第 3 比特组成新的第 3 帧,然后依次传送。

设在传输期间,干扰和衰落的影响使得第 2 帧丢失,若没有交织,则会丢失某一整个消息分组,而采用交织后,仅将每个消息分组的第 2 比特丢失,则利用纠错编码技术可以恢复出全部分组中的消息。可见,所谓交织就是把码字的 i 个比特分散到 j 个帧中(即不同的时间段中),以改变源比特的邻近相关特性,显然帧值 j 越大,比特越分散,传输特性越好,但传输时延也越大。

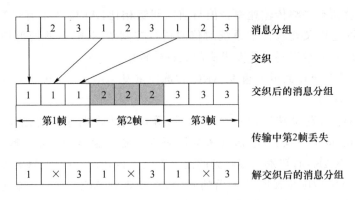

图 2.2.18　交织原理

2.2.5　噪声与干扰

信号在无线信道中传输时,会受到其他一些信号的干扰和各种噪声的影响。

噪声与干扰

1. 噪声

噪声是指使通信质量受到损害,与所传输信号无关的各种形式的寄生干扰的总称。信号在空间传输过程中,各种环境的自然或人为噪声,甚至是内部产生的噪声,使信号的正常接收受到影响。根据移动通信系统中的噪声来源,可将噪声分为两大类,即内部噪声和外部噪声。

(1) 内部噪声

内部噪声是指由通信系统设备本身产生的各种噪声,主要包括热噪声和散粒噪声。

- 热噪声:热噪声由粒子的热运动产生,温度越高,粒子动能越大,形成的噪声也越大。热噪声的频带极宽,几乎是所有无线电频谱的叠加,其功率谱密度函数在整个频域内服从均匀分布,就像白光一样,因此称为白噪声。
- 散粒噪声:半导体的载体密度变化引起的噪声,散粒噪声由形成电流的载流子的分散性造成,由于单位时间内通过 PN 结的载流子数目不一致,通过 PN 结的正向电流在平均值上下作不规则起伏变化。散粒噪声在很宽的频率范围内具有均匀的功率谱密度,具有白噪声的特性。

(2) 外部噪声

外部噪声又称为环境噪声,主要包括自然噪声和人为噪声。

- 自然噪声:指大气噪声、宇宙噪声等,功率谱主要在 100 MHz 频段以下,在陆地移动通信系统中,自然噪声远低于接收机固有噪声,可忽略其影响。
- 人为噪声:由各种电气设备中电流或电压的剧变而形成的电磁波辐射所产生。城市里人为噪声比较大,主要来源是汽车点火噪声。

2. 干扰

在移动通信系统中,往往是许多基站、移动台在同时收、发信号,这些信号在时间、空间、频率上相互交叠,不可避免地会产生相互干扰。干扰是限制移动通信系统性能的主要因素。

干扰来源包括相邻小区中正在进行通话、使用相同频率的其他基站,或者无意中渗入系统频带范围的任何干扰系统。语音信道上的干扰会导致串话,使用户听到背景干扰。信令信道上的干扰则会导致数字信号发送上的错误,而造成呼叫遗漏或阻塞。因此,如何解决干扰问题是移动通信系统设计的一个难题。在移动通信系统内,干扰一般分为同频干扰、邻频干扰、互调干扰和近端对远端的干扰等。

（1）同频干扰

在移动通信系统中,为了提高频率利用率,在相隔一定距离以外,可以使用相同的频率,这称为频率复用。频率复用意味着在一个给定的覆盖区域内,存在许多使用同一组频率的小区,即同频小区。同频小区之间涉及与有用信号频率相同的无用信号干扰称为同频干扰。复用距离越近,同频干扰就越大;复用距离越远,同频干扰就越小,但频率利用率就会降低。

总体来说,只要在接收机输入端存在同频干扰,接收系统就无法滤除和抑制它,所以系统设计时要确保同频小区在物理上隔开一个最小的距离,以为电波传播提供充分的隔离。为了避免同频干扰和保证接收质量,必须使接收机输入端的信号功率同同频干扰功率之比大于或等于射频防护比。射频防护比是达到规定接收质量时所需的射频信号功率对同频无用射频信号功率的比值,它不仅取决于通信距离,还和调制方式、电波传播特性、通信可靠性、无线小区半径、选用的工作方式等因素有关。从 RF 防护比出发,我们可以研究同频复用距离。当 RF 防护比达到规定的通信质量要求或载干比时,两个邻近同频小区之间的距离称为同频复用距离。

（2）邻频干扰

邻频干扰是指相邻的或邻近频道之间的干扰,即邻频（$k\pm1$ 频道）信号功率落入 k 频道的接收机通带内造成的干扰。解决邻道干扰的措施包括:

- 降低发射机落入相邻频道的干扰功率,即减小发射机带外辐射。
- 提高接收机的邻频道选择性。
- 在网络设计中,避免相邻频道在同一小区或相邻小区内使用。邻频干扰可以通过精确的滤波和信道分配而减到最小。

（3）互调干扰

互调干扰是由传输设备中的非线性电路产生的。它指两个或多个信号作用在通信设备的非线性器件上,产生同有用信号频率相近的组合频率,从而对通信系统构成干扰的现象。

在专用网和小容量网中,互调干扰成为移动台组网较为关心的问题。产生互调干扰的基本条件是:

- 存在非线性器件;
- 互调产物落在有用信号频谱之内;
- 输入信号功率足够大。

几个条件必须同时满足,才会产生互调干扰,针对这些问题逐一改善可解决互调干扰问题。

互调干扰分为发射机互调干扰和接收机互调干扰两类。

① 发射机互调干扰

一部发射机发射的信号进入了另一部发射机,并在其末级功放的非线性作用下与输出信号相互调制,产生不需要的组合干扰频率,对接收信号频率与这些组合频率相同的接收机造成的干扰,称为发射机互调干扰。减少发射机互调干扰的措施有:加大发射机天线之间的距离;采用单向隔离器件和采用高品质因子的谐振腔;提高发射机的互调转换衰耗。

② 接收机互调干扰

当多个强干扰信号进入接收机前端电路时，在器件的非线性作用下，干扰信号互相混频后产生可落入接收机中频频带内的互调产物而造成的干扰称为接收机互调干扰。减少接收机互调干扰的措施有：提高接收机前端电路的线性度；在接收机前端插入滤波器，提高其选择性；选用无三阶互调的频道组工作。

对于蜂窝移动通信网，可采用互调最小的等间隔频道配置方式，并依靠具有优良互调抑制指标的设备来抑制互调干扰。

对于专用的小容量移动通信网，主要采用不等间隔排列的无三阶互调的频道配置方法来避免发生互调干扰。表2.2.3列出无三阶互调的频道序号。由表可见，当需要的频道数较多时，频道（信道）利用率很低，故不适用于蜂窝网。

表 2.2.3　无三阶互调干扰的信道组

需要信道数	最小占用信道数	无三阶互调信道组的信道序号	最高信道利用率（%）
3	4	1,2,4 1,3,4	75
4	7	1,2,5,7 1,3,6,7	57
5	12	1,2,5,10,12 1,3,8,11,12	41
6	18	1,2,5,11,16,18 1,2,5,11,13,18 1,2,9,12,14,18 1,2,9,13,15,18	33
7	26	1,2,8,12,21,24,26 ...	27
8	35	1,2,5,10,16,23,33,35	23
9	45	1,2,6,13,26,28,36,42,45	20
10	56	1,2,7,11,24,27,35,42,54,56	18

（4）近端对远端的干扰

当基站同时接收从两个距离不同的移动台发来的信号时，距基站近的移动台MS_1（距离d_1）到达基站的功率明显要大于距离基站远的移动台MS_2（距离$d_2 \gg d_1$）的到达功率，若二者频率相近，则移动台MS_1就会造成对移动台MS_2的有用信号的干扰或抑制，甚至将移动台MS_2的有用信号淹没。这种现象称为近端对远端干扰，又称为远近效应，如图2.2.19所示。

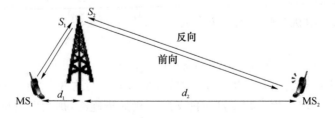

图 2.2.19　远近效应

克服近端对远端干扰的措施主要有两个:一是使两个移动台所用频道拉开必要间隔;二是移动台端采用自动功率控制(Automatic Power Control,APC),使所有移动台到达基站功率基本一致。由于频率资源紧张,几乎所有的移动通信系统的基站和移动终端都采用 APC 工作。

任务三　移动通信关键技术

2.3.1　移动通信的多址技术

移动通信的
多址技术

从移动通信网的构成可以看出,大部分移动通信系统都有一个或几个基站和若干个移动台,基站要和许多移动台同时通信,所以需要具有区分不同的用户地址的能力,同时各用户又能识别出基站发出的信号中哪个是发给自己的信号,解决这个问题的办法叫作多址技术。

多址方式有频分多址(Frequency Division Multiple Access,FDMA)、时分多址(Time Division Multiple Access,TDMA)、码分多址(Code Division Multiple Access,CDMA),它们分别以信号的频率、时间、码型的不同来区分用户,如图 2.3.1 所示。

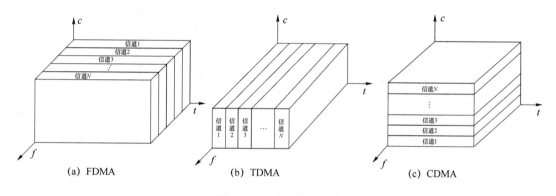

(a) FDMA　　　　　(b) TDMA　　　　　(c) CDMA

图 2.3.1　多址接入方式

1. FDMA

频分多址是不同的用户占用不同的频率来实现用户在频率域上的正交,如图 2.3.1(a)所示。接收端采用不同载频的带通滤波来提取用户的信号,用户的信道之间设有保护频带,以防止不同频率信道之间的混叠。

在日常生活中,频分多址有较多的应用。比如,每个广播电台用一个频率,人们用频率来区分电台。这种基于频率划分信道的方式其优点是实现起来比较简单,在组网的时候可以很容易地利用频率规划来实现频率的复用和小区规划。缺点是频率利用率低,在有限的频谱资源内容纳用户数少。

第一代移动通信系统主要采用 FDMA,如欧洲和我国采用的 TACS 系统、美国采用的 AMPS 系统等。

2. TDMA

时分多址是把时间分成周期性的帧,再把每个帧划分成多个时隙。不同的用户占用不同的时隙来实现用户在时域上的正交,如图 2.3.1(b)所示。接收端在不同时隙提取相应用户的信号。

第二代移动通信系统中的 GSM 采用的是以 TDMA 为主的多址方式。TDMA 相比于 FDMA 的主要优点在于提高了频谱利用率,在同一频道可以供多个移动台同时进行通信,抗干扰能力强;缺点是需要全网同步,技术比较复杂。

3. CDMA

码分多址是通过不同的码来区分用户。发送端用各不相同、相互正交的地址码调制其所发送的信号,接收端利用码型的正交性,通过检测,从混合信号中选出相应的信息。CDMA 发送的信号在时域和频域上可能是重叠的,如图 2.3.1(c)所示。接收端必须用与发送端相同的码来解调用户。

第二代移动通信系统中的 CDMA IS-95,第三代移动通信系统中的 CDMA2000、WCDMA、TD-SCDMA 都是采用以 CDMA 为主的多址方式。相对于 FDMA、TDMA,CDMA 网内用户可以共用同一频率,共同占用整个带宽,具有频谱利用率较高、容量大、保密性好、抗干扰能力强等明显优势。

2.3.2 移动通信的双工技术

移动通信的
双工技术

双工技术是用于区分用户上行和下行信号的方式。上行信号指移动台发给基站的信号,下行信号指基站发给移动台的信号。双工技术主要包括频分双工(Frequency Division Duplex,FDD)和时分双工(Time Division Duplex,TDD)两种。

在 FDD 方式中,系统发送和接收数据使用不同的频段,在上行和下行频率之间有双工间隔。GSM、CDMA2000、WCDMA、LTE FDD 等都是典型的 FDD 系统。

而对于 TDD 方式,系统的发送和接收使用相同的频段,上、下行数据发送时在时间上错开。通过在不同时隙发送上、下行数据,可有效避免上、下行干扰。TD-SCDMA、TD-LTE 为 TDD 系统。

FDD 和 TDD 技术有各自的特点与优势。

TDD 系统便于进行信道估计。对于 TDD 技术,只要基站和移动台之间的上、下行时间间隔不大,小于信道相干时间,就可以简单地根据接收信号估计收、发信道特征。这一特点使得采用 TDD 方式的移动通信体制在功率控制及智能天线技术的使用方面有明显的优势。而对于 FDD 技术,通常上、下行频率间隔远远大于信道相干带宽,几乎无法利用上行信号估计下行信道,也无法用下行信号估计上行信道。

FDD 系统硬件实现简单。对于 FDD 技术,由于基站的接收和发送使用不同的射频单元,且有收发隔离,因此系统的设计、实现相对简单。而对于 TDD 技术,射频单元在发射和接收时分时隙进行,因此 TDD 的射频模块里要配置一个收发开关。

TDD 系统更适合支持非对称业务。对非对称业务而言,TDD 技术可以灵活设置上、下行的转换时刻,可用于实现不对称的上行和下行业务带宽,有利于实现明显上、下行不对称的互联网业务。当然,这种转换时刻的设置必须与相邻基站协同进行。因此,在支持非对称业务时,TDD 频谱利用率更高。

FDD 系统在实现对称业务时,频谱利用率更高。对于对称业务,FDD 技术的上行和下行使用不同的频率,因此 FDD 上、下行间没有干扰。而 TDD 技术的上行和下行使用相同的频率,为了避免上、下行信号间的干扰,需要在上、下行中间插入一个保护间隔,从而导致 FDD 在支持对称业务时,能充分利用上下行的频谱,但在支持非对称业务时,频谱利用率将大大降低。

2.3.3 移动通信的分集技术

移动通信的
分集技术

由于多径衰落和多普勒频移的影响,接收信号产生很大的衰落深度,一般为 40～50 dB,偶尔可达到 80 dB。单纯通过增大发射功率的方法不能满足实际通信的需求,迫使人们利用各种信号处理方法来对抗衰落。分集技术(Diversity Techniques)是抗衰落的最有效措施之一,主要研究如何利用多径信号来改善系统的性能。

1. 分集的概念

分集技术通过查找和利用自然界传播环境中独立的(至少是高度不相关的)多径信号来实现信号的改善。这些多径信号在结构上和统计特性上具有不同的特点,通过对这些信号进行区分,并按一定规律和原则进行集合与合并处理来实现抗衰落的目标。

分集的概念可以简单解释如下:如果一条无线传播路径中的信号经历了深度衰落,而另一条相对独立的路径中可能仍包含着较强的信号,如图 2.3.2 所示。

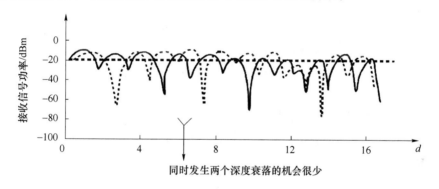

图 2.3.2 无线电波传播的衰落特性

因此,可以在多径信号中选择两个或两个以上的信号。这样做的好处是对于接收端的瞬时信噪比和平均信噪比都有提高,并且通常可以提高 20～30 dB。

分集需要完成两方面内容:一是如何在接收端有效地区分可接收的含同一信息内容但统计独立的不同样值信号,这些信号的获得可以通过不同的方式,如空间、频率、时间等,这是分集的必要条件;二是如何将可获得的含有同一信息内容但统计上独立的不同样值加以有效且可靠地利用,即分集中的集合与合并,这是分集的充分条件。

2. 分集的分类

分集技术可以从多个维度进行分类。

从“分”的角度划分,按照获得独立路径信号的方式,可分为空间分集、频率分集、时间分集、极化分集;按照“分”的位置,可分为发射分集、接收分集、收发联合分集。

从“集”的角度划分,按集合与合并方式,可分为选择式合并、等增益合并、最大比值合并;按照“集”的位置,可分为射频合并、中频合并、基带合并。

从分集的区域划分,又可以分为宏分集和微分集两类。

(1)宏分集

宏分集主要用于蜂窝移动通信系统中,也称为多基站分集,这是一种减少慢衰落影响的分集技术。其做法是将多个基站设置在不同的地理位置上和不同的方向上,同时与小区内的一个移动台进行通信(图2.3.3)。显然,只要各个方向上的传播信号不是同时受到阴影效应或地形的影响而出现严重的慢衰落,就能保证通信不会中断。这种分集主要是克服由周围环境地形和地物差别而导致的阴影区引起的大尺度衰落。

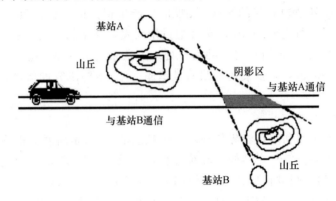

图 2.3.3 利用多基站实现宏分集

(2)微分集

微分集是一种减小深度衰落的分集技术。为了达到信号之间的不相关,可以从时间、频率、空间、极化、角度等方面实现这种不相关性,因此微分集的主要方式有时间分集、频率分集、空间分集、极化分集、角度分集等,这种分集主要克服小尺度衰落。

① 时间分集

时间分集将同一信号相隔一定时隙进行多次重发,只要各次发送的时间间隔大于信道的相关时间,各次发送信号的衰落彼此独立。实践证明,当移动台的运动速度大于 40 km/h 时,时间分集能获得很好的效果。

② 频率分集

频率分集用两个或以上具有一定间隔的频率同时发送和接收同一信号,只要载频之间的间隔大于相干带宽,则不同接收机所收信号的衰落是不相关的。但频率分集的实现比较复杂,在频谱利用方面也很不经济。

③ 空间分集

空间分集的原理是,在任意两个不同的位置上接收同一个信号,只要两个位置的距离大到一定程度,则两处所收信号的衰落是不相关的。采用空间分集的基站接收机至少需要两副间隔距离为 d 的天线(间隔距离 d 与工作波长、地物及天线高度有关),如图2.3.4所示。当某一副接收天线的输出信号很低时,分集接收天线的输出不一定在同一时刻也出现幅度低的现象。

④ 极化分集

一个天线的极化方向就是电场的方向。使用两个极化方向相互正交的天线收发信号,就可得到两路衰落特性不相关的信号,这是极化分集的原理。与空间分集相比,采用极化分集结构紧凑,节省空间。其缺点为发射功率要分配到两副天线上,将会造成 3 dB 的信号功率损失。在当今移动通信网络中,经常采用双极化天线来接收信号,如图2.3.5所示。

⑤ 角度分集

角度分集在接收端可以采用方向性天线,分别指向不同的到达方向,它利用接收环境的不

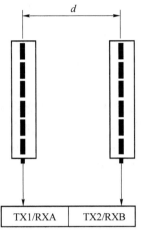

图 2.3.4　采用空间分集的接收机

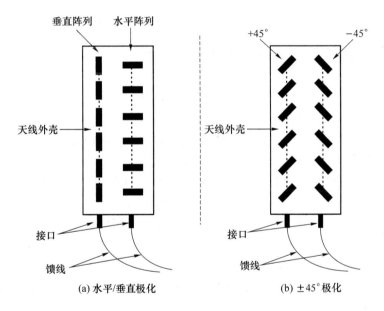

图 2.3.5　采用双极化天线的接收机

同,使得到达接收端的不同路径信号可能来自不同方向的特性,其每个方向性天线接收到的多径信号是不相关的。

空间分集、极化分集和角度分集也可统称为天线分集。

3. 分集信号的合并

分集信号的合并是指接收端收到多个独立衰落的信号后如何合并的问题,通常可采用加权相加的方式来实现。若采用 $n(n \geqslant 2)$ 重分集,假设合并前的 n 个独立信号分别为 $r_1(t)$, $r_2(t),\cdots,r_n(t)$,则合并后的信号可表示为

$$R(t) = a_1 r_1(t) + a_2 r_2(t) + \cdots + a_n r_n(t) = \sum a_i r_i(t) \qquad (2.3.1)$$

式中,a_i 为第 i 个信号的加权系数。选择不同的加权系数,就可构成不同的合并方式。合并方法主要有选择合并、最大比合并、等增益合并。

（1）选择合并

选择合并就是将天线接收的多路信号加以比较之后选取最高信噪比的分支。这种方式实际并非是合并，而是从中选一，因此又称选择分集或开关分集。对于式(2.3.1)，选择合并只有一个加权系数为1，其余均为0。选择合并的实现最为简单，然而因为未被选择的信号被完全弃之不用，这种合并方式的抗衰落效果并不理想。

（2）最大比合并

最大比合并是通过各分集分支采用相应的衰落增益加权然后再合并的，它的系数a_i与信号包络r_i成正比，与噪声功率N_i成反比，也就是说，信噪比越高的支路信号，它的加权系数越大，它对合并后的信号贡献越大。最大比合并是最佳的分集合并方式，因为它能得到最大的输出信噪比。最大比合并的实现要比其他两种合并方式困难，因为此时每一支路的信号都要利用，而且要给予不同的加权。

（3）等增益合并

若最大比合并中各分集支路信号的加权系数都为1，就成为等增益合并。它无须对信号加权，各支路的信号是等增益相加的，实现比较简单，但其性能接近于最大比合并，所以这种方式应用较多。

2.3.4　移动通信的功率控制技术

移动通信的功
率控制技术

在目前已有的移动通信技术中，无论是 2G 的 GSM、IS-95 还是 3G 的 CDMA，或是 4G 的 OFDM，功率控制总是必要的。

功率控制的理想目标是及时调整发射机的功率，使接收端接收的信号功率刚刚够用。这是为了减小干扰，获得最大系统容量。

在移动通信中，功率控制技术的分类有多种，按照上、下行链路来划分，功率控制可分为上行（反向）功控、下行（前向）功控；从功控的类型来划分可以分为开环功控、闭环功控、外环功控；从功控的实现方式来划分，可分为集中式功控与分布式功控。本书主要对第一种划分方式进行解读。

1. 上行功控

上行功控，顾名思义，就是对上行链路的功率控制，因为上行链路又称为反向链路，所以上行功控也叫反向功控。

上行功控的实现方式是控制手机的发射功率，使得在基站侧收到的每个手机的信号功率一样或者信干比(Signal to Interference Ratio, SIR)相同。

采取上行功控的好处有以下几点：

① 功控可以减少用户之间的互相干扰，可以避免两个手机的信号强度大小差距太大，基站接收不到的现象。

② 在 CDMA 系统中，上行功控能够克服远近效应。

③ CDMA 系统是干扰受限的，功控可以使干扰减少，所以功控可以增大 CDMA 系统容量。

④ 功控能优化用户设备功率配置，可以使用户设备减少电池耗电。

⑤ 在 LTE 中，上行功控主要用于弥补信道路径损耗与"阴影效应"的信号损失，同时还可以抑制小区间干扰。

2. 下行功控

与上行功控对应的是下行功控,也称前向功控,它是控制基站的发射功率,使得所有的用户设备接收到的信号功率相同或者信干比大致相等。

下行功控与上行功控的区别在于:上行功率控制是要控制小区内所有用户的上行发射功率,以期实现在基站侧的各个用户的接收功率相同,是多对一的关系;而下行功控是要控制基站的发射功率,确切地说是基站根据接收到的每个用户设备侧导频信号的强弱,重新分配基站侧每个用户发射功率的过程;上行功控与下行功控的干扰源不同,上行功控试图减少的是用户通话互相影响造成的干扰,下行干扰主要来源于其他小区的基站信号对本小区用户的干扰。

2.3.5　移动通信的切换技术

移动通信的
切换技术

在移动用户通话过程中,可能从一个基站的覆盖范围移动到另一个基站的覆盖范围,怎样才能保持通话不中断? 通信过程中将移动台与基站之间的通信链路从当前基站转移到另一个基站的技术称为切换技术。

1. 切换的过程

以 GSM 系统的切换为例,切换的过程包括测量、判决、执行切换。

(1)测量

移动台对当前服务小区和相邻小区进行信号强度的测量,在切换的过程中,移动台一旦发现周围的小区符合测量的规则,就会把相邻小区的信息上报给基站。

(2)判决

切换判决过程中,系统会判断目标小区是否符合切换算法。一个最简单的切换算法如图 2.3.6 所示,目标小区的信号强度如果大于源小区的信号强度,就切换,否则不切换。在 GSM 系统中,为防止由于信号波动引起的移动台在两个基站之间的来回重复切换,即"乒乓切换",可以通过提高 HO_MARGIN 参数来优化。但该参数如果设置太高,也会导致切换滞后,降低切换效率。

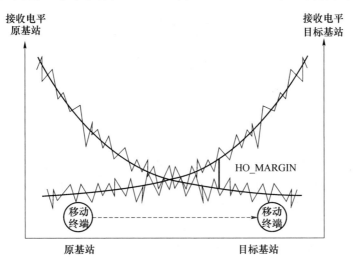

图 2.3.6　切换算法原理

(3)执行切换

最适合的新的小区得到认定后,MS 和网络进入切换执行阶段,与当前服务的 BTS 连接中断,在新的小区与新的 BTS 建立新的连接。

2. 切换的分类

根据新小区的选择范围,切换可以分为以下三类,如图 2.3.7 所示。

① 同一 BSC 下不同小区/扇区的切换;

② 同一 MSC/VLR 业务区不同 BSC 间的切换;

③ 不同 MSC/VLR 的区间切换。

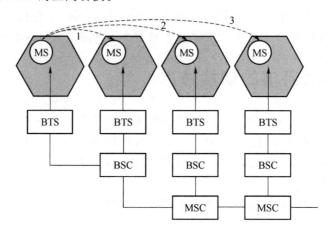

图 2.3.7 不同范围的切换

根据与目标小区建立连接的过程,切换可以分为硬切换和软切换。

(1)硬切换

当移动台从一个基站的覆盖区进入另一个基站的覆盖区时,先断掉与源基站的联系,再与目标基站建立联系,这就是通常所说的"先断后接",我们把这种方式称为硬切换(图 2.3.8)。硬切换的缺点是:当移动台因进入屏蔽区或信道繁忙而无法和目标基站建立连接时,就会产生掉话。

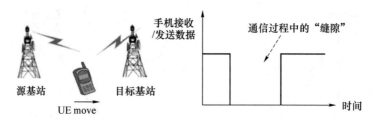

图 2.3.8 硬切换过程示意图

采用硬切换多为异频切换,如 GSM 系统,每个小区的频点不同,切换的时候需要转换载频,只能采用先断开再切换的硬切换方式。使用硬切换的还有 LTE 的基站间切换和其他移动通信系统中一切需要在不同载频间的切换。

(2)软切换

在越区切换时,移动台不断掉与源基站的联系而同时和目标基站建立联系,当移动台确认已与新基站建立联系后,才断开与源基站的联系,这种"先接后断"的方式称为软切换。软切换能大大降低掉话的可能性,这是软切换的主要优点。

软切换广泛应用于 CDMA 系统中,第二代移动通信中的 IS-95 系统,第三代移动通信中的 WCDMA 系统、CDMA2000 系统都采用了软切换技术。

在 LTE 系统中没有了软切换技术,主要是因为 LTE 和 UMTS 的系统架构发生了变化,3G 时代的 UMTS 采用的系统架构中有无线网络控制器(RNC),有了 RNC 可以采用宏分集技术了,软切换也就水到渠成。但是 LTE 采用的是扁平化的网络架构,去掉了 RNC,没有采用下行的宏分集技术,因此软切换也就无从谈起。

2.3.6 移动通信的漫游

移动通信的漫游

漫游通信是指在移动通信系统中,移动台从一个移动交换区(归属区)移动到另一个移动交换区(被访区),经过位置登记、鉴权认定后所进行的通信。漫游方式有两种,一是人工漫游,二是自动漫游。

人工漫游是用人工登记方式,给漫游客户分配一个被访移动交换区的漫游号码,客户便可在该区得到服务,但客户要通知自己的朋友按新的漫游号码来发起呼叫,这显然很不方便。目前,人工漫游方式已不再使用。

自动漫游不需要预先登记,当漫游客户到达被访区后,只要打开移动台电源,被访区的MSC 就会自动识别出该客户,并且自动连线该客户归属区的 MSC,查询客户资料,确认客户是否有权,待判明客户为合法客户后,即可为其提供漫游服务。此时,漫游客户仍然使用原电话号码。当有朋友呼叫漫游客户时,电话首先被接到漫游客户归属区的 MSC,归属区的 MSC再将电话转接到被访区的 MSC,最后由被访区的 MSC 寻呼到漫游客户,这样便可建立正常通话。

2.3.7 移动通信的信令

移动通信的信令

信令是与通信有关的一系列控制信号。它用于确保终端、交换系统及传输系统的协同运行,在指定的终端之间建立临时通信信道,并维护网络本身正常运行。

在移动通信网中,除了传输用户信息之外,为使全网有秩序地工作,还必须在正常通话的前后和过程中传输很多其他的控制信息,诸如一般电话网中必不可少的摘机、挂机、空闲音、忙音、拨号、振铃、回铃及无线通信网中所需的频道分配、用户登记与管理、呼叫与应答、越区切换和发射机功率控制等信号。这些和通信有关的控制信号统称为信令。

信令不同于用户信息,用户信息是直接通过通信网络由发信者传输到收信者的,而信令通常需要在通信网络的不同环节(基站、移动台和移动控制交换中心等)之间传输,各环节进行分析处理并通过交互作用形成一系列的操作和控制,其作用是保证用户信息有效且可靠地传输。因此,信令可看成是整个通信网络的神经中枢,其性能在很大程度上决定了一个通信网络为用户提供服务的能力和质量。

信令分为两种:一种是用户到网络节点间的信令(称为接入信令);另一种是网络节点之间的信令(称为网络信令)。应用最为广泛的网络信令是 7 号信令。

在移动通信中无线接口是移动台与网络设备之间的接口,它们之间传递信息的通道,统称为信道。传递用户信息的信道为用户信道,传递控制信令或同步数据的信道为控制信道。

下面以 GSM 系统的初始化和寻呼响应来说明移动通信系统的信令传递和工作过程。

当一个移动台被打开电源时,它必须与基站取得联系,即与网络同步完成初始化。一般经过以下三个状态。

（1）在频率上与系统同步

移动台找到信息在哪个频率上被传送出来，在 GSM 系统中基站必须在每个时隙发射固定的内容，这称为广播信道。为了使移动台很容易找到相应的频率，基站发射广播信道信息的能量要高于其他信道。当移动台找到广播信道后，移动台保持与系统在频率上同步。

（2）在时间上与系统同步

此项工作主要通过同步信道 SCH 来完成，移动台读取 SCH，找出 BTS 的识别码 BSIC，并同步到超高帧 TDMA 的帧号上。

（3）从广播信道上读取系统数据

移动台通过基站广播信道读取小区的位置。

通过以上三步完成初始化，与网络同步基本完成，所用时间一般为 2～5 s。所用时间的长短取决于移动台的设计和移动台是否在这个小区内登记并关机，因为移动台在关机时会存储当前小区的信息，如果又在这个小区打开，则同步会非常迅速。

系统寻呼信道在 MSC 的所有基站上进行寻呼，移动台通过寻呼响应进行应答，系统通过允许接入信道为移动台分配一个独立专用控制信道用于交换必要信息、鉴权加密等一系列过程以完成正常通话的建立。通话结束后，用户挂机，拆线，重新回到监听状态。

2.3.8　移动通信的帧结构

通信标准规定了编码传输的形式，一般用帧来表示。

移动通信的帧结构

帧是连续的一段比特序列，通常有起止标记或同步标记，可以让接收方在接收码流中定位出每一帧。时隙是帧的组成单位。不同通信系统的帧结构和帧长度是不一样的。在时分多址系统中，一个帧的不同时隙可以用来传输不同用户、不同上下行的业务信息或者信令，构成了物理层面的信道概念。下面以 GSM 为例子介绍无线帧的构成。

GSM 采用的是以 TDMA 为主的多址方式，每个载频含 8 个时隙（从 0～7 编号），每个时隙是一个物理信道，传输 156.25 bit。这相同频率的 8 个时隙被称为一个 TDMA 帧，一个TDMA 帧为 4.615 ms，如图 2.3.9 所示。

若干个 TDMA 帧可组成复帧：一种是由 26 个 TDMA 帧组成的业务复帧，主要用于业务信息的传输；另一种是由 51 个 TDMA 帧组成的控制复帧，主要用于控制信息的传输。

由 51 个业务复帧或 26 个控制复帧均可组成一个超帧，每个超帧的持续时间为 6.12 s。由 2 048 个超帧组成超高帧，它包括 2 715 648 个 TDMA 帧，持续长度为 3 小时 28 分 53 秒 760毫秒，超高帧用于 GSM 的加密机制实现。

习题与思考

1. 移动通信的电波传播具有哪些特点？
2. 简述多径效应的概念。
3. 简述多普勒效应的概念。
4. 为什么无线通信系统需要信号调制？

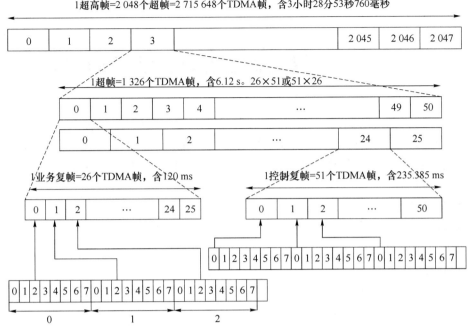

图 2.3.9　GSM 系统帧结构

5. 简述信源编码和信道编码的目的。

6. 移动通信系统的干扰主要有哪些？

7. 什么是多址接入？主要的多址方式有哪些？

8. 简述 FDD 和 TDD 的优缺点。

9. 分集接收技术主要有哪些方式？

10. 简述功率控制的作用。

11. 简述越区切换的概念，并说明切换的过程。

项目三 移动通信系统与网络

【项目说明】论述移动通信系统组成和移动通信网络架构,分析移动通信组网的技术支持,论述第二代、第三代和第四代移动通信技术在中国的应用情况,重点讲述目前的主流技术。

【项目内容】
- 移动通信系统的组成
- 移动通信组网技术
- 中国主流移动通信技术

【知识目标】
- 掌握移动通信系统的组成;
- 掌握移动通信组网技术;
- 了解目前中国移动通信技术的发展和主流技术。

任务一 移动通信系统的组成

3.1.1 移动通信的系统架构

移动通信的
系统架构

移动通信网络是承载移动通信业务的网络,一般来说,基站通过传输链路和交换机相连,交换机再与固定的电信网络相连,这样就可形成移动用户←→基站←→交换机←→固定网络←→固定用户或移动用户←→基站←→交换机←→基站←→移动用户等不同情况的通信链路,如图3.1.1所示。其中,移动用户到基站部分为无线网络,主要完成无线通信;基站到固定网络部分为有线网络,主要完成有线通信。

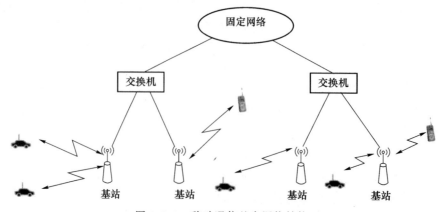

图 3.1.1 移动通信基本网络结构

本节将以 GSM 为例介绍基站子系统与网络子系统的主要功能和组成。

GSM 移动通信系统主要由移动台（Mobile Station，MS）、基站子系统（Base Station System，BSS）和网络子系统（Network Station System，NSS）组成。其中基站子系统又可称为无线接入网，网络子系统又可称为核心网。GSM 系统典型的网络结构如图 3.1.2 所示。

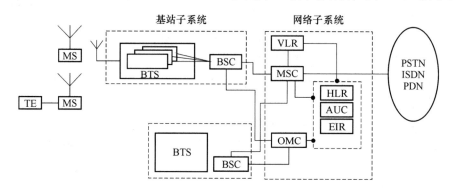

图 3.1.2 GSM 系统的网络结构

GSM 基站子系统 BSS 由基站收发信台（Base Transceiver Station，BTS）、基站控制器（Base Station Controller，BSC）组成。

BTS 完全由 BSC 控制，主要负责无线传输，完成无线与有线的转换、无线分集、编码调制、无线信道加密、跳频等。

BSC 具有对一个或多个 BTS 进行控制的功能，它主要负责无线网络资源的管理、小区配置数据管理、功率控制、定位和切换等，是一个很强的业务控制点。

GSM 网络子系统由移动交换中心（Mobile Switch Center，MSC）、操作维护中心（Operation and Maintenance Center，OMC）、归属位置寄存器（Home Location Register，HLR）、访问位置寄存器（Visitor Location Register，VLR）、鉴权中心（Authentication Center，AUC）和设备识别寄存器（Equipment Identity Register，EIR）等组成。

MSC 是整个系统的心脏，负责呼叫的建立、路由选择控制和呼叫的终止，负责管理 MSC 之间及 MSC 与 BSC 之间业务信道的转换（BSC 内的业务信道转换由 BSC 负责），所以它是对位于它所覆盖区域中的移动台进行控制、交换的功能实体，需要完成呼叫控制、系统管理及对外各接口管理的功能。

HLR 是管理移动用户的主要数据库、网络的运营者，对用户数据的所有管理工作都是通过留存在 HLR 中的数据完成的。每个移动用户都应在某归属位置寄存器注册登记。HLR 主要存储有关用户的信息和用户位置信息。

VLR 也是一个用户数据库。用于存储当前位于该 MSC 服务区域内所有移动台的动态信息，即存储与呼叫处理有关的一些数据，如用户的号码、所处位置区的识别、向用户提供的服务等参数。

AUC 提供安全方面的鉴别参数和加密密钥，防止无权用户接入系统和保证通过无线接口的移动用户通信的安全。

EIR 存储有关移动台设备参数国际移动设备识别码（International Mobile Equipment Identity number，IMEI），主要完成对移动设备的识别、监视和闭锁等功能。

另外，GSM 系统架构中还包括短消息中心，用于接收、存储和转发用户的短消息；操作维护子系统（Operation Support System，OSS）用于操作人员监视和控制 GSM 系统，保证系统的正常运转。

3.1.2　移动通信的基站系统

移动通信的
基站系统

基站子系统是 GSM 系统的基本组成部分。基站子系统是在一定的无线覆盖区域内由移动交换中心控制,与移动台 MS 进行通信的系统设备。它通过无线接口直接与移动台实现通信连接,进行无线发送、接收及无线资源管理。另外,基站子系统与网络子系统中的 MSC 相连,实现移动用户与固定网络用户之间或移动用户之间的通信连接。

广义来说,基站子系统(BSS)包含了 GSM 数字移动通信系统中无线通信部分的所有地面基础设施(图 3.1.3),即我们所说的基站,一般由通信机房和天面两大部分组成。

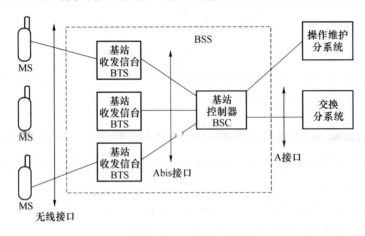

图 3.1.3　GSM 基站子系统

BSS 要完成无线信道的发送、接收和无线资源管理。BSS 的角色可视为移动台与交换机之间的桥梁。BSC 通过对 BTS 和 MS 发送指令来管理无线接口,主要是进行无线信道的分配、释放及越区信道切换的管理。

此外,BSS 还应受到网络管理系统的控制,因此与网络管理系统之间也必须有适当的接口。BSC 与移动交换中心(MSC)之间的接口称为"A"接口。后来 BTS 与 BSC 之间的接口也进行了标准化,并称为"Abis"接口。

3.1.3　移动通信的核心网

移动通信
的核心网

在 GSM 中,网络子系统对移动用户之间通信和移动用户与其他通信网用户之间通信起着管理作用,主要满足 GSM 的话音与数据业务的交换功能以及相应的辅助控制功能。

NSS 由很多功能实体构成,核心功能实体移动交换中心(MSC)与常规交换机的不同之处是:MSC 除了要完成常规交换机的所有功能外,它还负责移动性管理和无线资源管理(包括越区切换、漫游、用户位置登记管理等)。

移动通信系统的网络结构是随着技术的发展不断改进的。从 GSM 网络(2G)演进到

GPRS 网络(2.5G),如图 3.1.4 所示,最主要的变化是引入了分组交换业务。原有的 GSM 网络是基于电路交换技术,不具备支持分组交换业务的功能。因此,为了支持分组业务,GPRS在原有 GSM 网络结构上增加了几个功能实体,其中在核心网增加了服务型 GPRS 支持节点(Service GPRS Supported Node,SGSN)和网关型 GPRS 支持节点(Gateway GPRS Supported Node,GGSN),功能方面 GMSC 和 MSC 一致,只不过处理的是分组业务,外部网络接入IP 网。

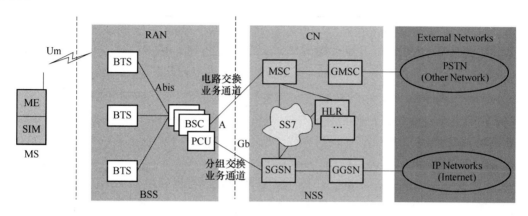

图 3.1.4 GPRS 系统的网络结构

再向前演进到第三代移动通信网络,3G 接入网功能组成与 2G 保持一致,由基站 NodeB、基站控制器 RNC 组成,如图 3.1.5 所示。而在核心网方面基本与 GPRS 原有网络共用,无太大区别。

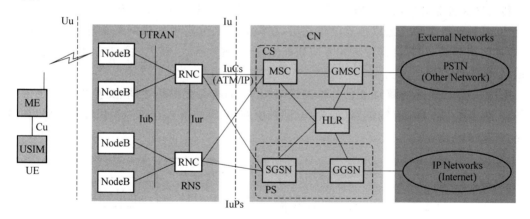

图 3.1.5 UMTS(3G)系统的网络结构

到 LTE 及第四代移动通信系统,其核心网功能发生了重大变化,不再设置电路交换域,仅保留分组交换域。其核心网被称为演进的分组核心网(Evolved Packed Core,EPC),包括移动管理实体(Mobile Management Entity,MME)、系统架构演进网关(System Architecture Evolution Gateway,SAE-GW)、策略和计费规则功能(Policy and Charging Rules Function,PCRF)、本地用户服务器(Home Subscriber Server,HSS)等设备,如图 3.1.6 所示。

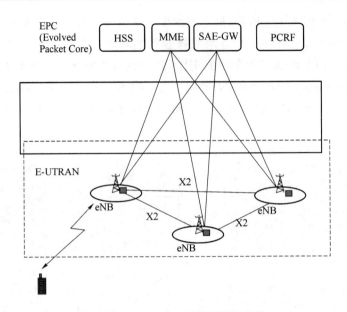

图 3.1.6　LTE/4G 系统的网络架构

3.1.4　移动通信的传送网

移动通信的
传送网

　　传送网是传送信息的网络,由实现信息的可靠发送、整合、收敛、转发等功能的各种节点和链路组成。

　　传送网保证业务层信息的端到端可靠传送(距离、速率、颗粒、无误码、生存性、各种业务类型),组成独立的传送层,在纵向网络分层中处于网络最底层,是为核心网络、业务网络服务的,其自身没有业务应用能力,重点解决连通、带宽、接口三大问题,保证业务层信息的端到端可靠传送。

　　如图 3.1.7 所示,在移动通信基本网络结构中,基站与交换机之间、交换机与固定网络之间的信号传送可以采用有线链路(如光纤、同轴电缆、双绞线等),也可以采用无线链路(如微波链路、毫米波链路等)。

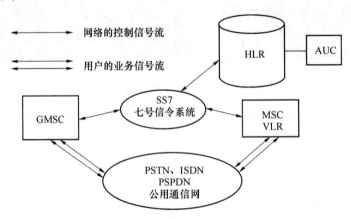

图 3.1.7　移动通信系统中的信号传送

　　现代传送网技术主要有 SDH(同步数字系统)、WDM(波分复用)、PTN(分组传送网)、

OTN(光传送网)等。

移动回传(Mobile Backhaul)是移动基站到基站控制器之间的网络。2G 系统的移动回传网就是 BTS 到 BSC 之间的网络,3G 网络的移动回传网就是 NodeB 到 RNC 之间的网络,而 LTE/4G 的移动回传网是指 eNodeB 到核心网之间的网络。

任务二　移动通信组网技术

组网技术是影响移动通信系统容量的一个关键技术。不同的组网方式会带来不同的系统容量。目前公用移动通信多采用小区制,即蜂窝网。小区概念的提出及频率复用是移动通信发展的一个飞跃,它能够在有限的频带范围内提供足够大的系统容量。

3.2.1　移动通信的组网方式

移动通信的
组网方式

无线电波的传播损耗是随着距离的增加而增加的,并且与地形环境密切相关,因而移动台和基站之间的有效通信距离是有限的。大区制(单个基站覆盖一个服务区)的网络中可容纳的用户数很有限,无法满足大容量的要求;而在小区制(每个基站仅覆盖一个小区)网络中为了满足系统频率资源和频谱利用率之间的约束关系,需要将相同的频率在相隔一定距离的小区中重复使用来达到系统的要求。虽然目前大区制的应用不多,但一些容量小、用户密度低的宏小区或超小区的蜂窝网等都具有大区制移动通信网的特点。

1. 大区制

大区制是指在一个比较大的区域内只设置一个基站覆盖全地区。它的特点是移动通信尽可能地增大基站覆盖范围,单个基站实现大区域内的移动通信服务。为了增大基站的覆盖区半径,在大区制的移动通信系统中,基站的天线架设得很高,可达几十米至几百米;基站的发射功率很大,一般为 50~200 W,实际覆盖半径达 30~50 km。由于只有一个基站,基站的信道数有限,容量较小,一般只能容纳数百至数千个用户。

大区制方式的优点是网络结构简单、成本低,但一个大区制系统的基站频道数是有限的,容量不大,不能满足用户数量日益增加的需要。

2. 小区制

当用户数很多时,话务量相应增大,需要提供很多频道才能满足通信要求。为了加大服务面积,可以将整个服务区划分成若干个半径为 1~20 km 的小区域,每个小区域中设置基站,负责小区内移动用户的无线通信,这种方式称为小区制。

小区制的特点是:

- 频率利用率高。在一个很大的服务区内,同一组频率多次重复使用,因而增加了单位面积上可供使用的频道数,提高了服务区的容量密度,有效地提高了频率利用率。
- 组网灵活。小区制随着用户数的不断增长,每个覆盖区还可以继续划小,以不断适应用户数量增长的实际需要。
- 采用小区制能够有效地解决频道数有限和用户数量增大的矛盾。
- 小区制从服务区几何形状来看,在服务区面积一定的情况下,用正六边形小区覆盖整个服务区所需的基站数最少,用最少的小区数就能覆盖整个地理区域,成本最经济。

因此,在现代移动通信系统中,几乎都是以正六边形作为小区的基本图形来进行理论研究的。因为正六边形构成的网络形同蜂窝,我们将小区形状为六边形的小区制移动通信网称为蜂窝网。由于地形地貌、传播环境、衰落形式的多样性,小区的实际无线覆盖是一个不规则的形状。

3.2.2 移动通信的区域覆盖

移动通信的
区域覆盖

在小区制移动电话通信网中,基站很多,移动台又没有固定的位置,为了便于控制和管理,在蜂窝移动通信系统中,一个移动通信网分为不同的区域,以 GSM 为例,整体覆盖区分为若干个服务区,每个服务区又分为若干个 MSC 区,每个 MSC 区又分为若干个位置区,每个位置区由若干个基站小区组成,如图 3.2.1 所示。一个移动通信网由多少个服务区或多少个 MSC 区组成,这取决于移动通信网所覆盖地域的用户密度和地形地貌等。

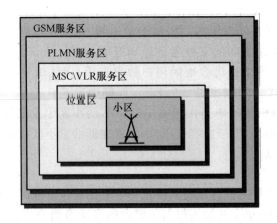

图 3.2.1 GSM 区域覆盖定义

1. 频率复用与区群

蜂窝移动通信系统在有限的频率范围内提供大容量的关键在于频率复用。频率复用就是一个频率在服务区内被重复使用。通常,相邻小区不允许使用相同的频道,否则会发生相互干扰(称同频干扰)。但由于各小区在通信时所使用的功率较小,因而任意两个小区只要相互之间的空间距离大于某一数值,即使使用相同的频道,也不会产生显著的同频干扰(保证信干比高于某一门限)。为此,把若干相邻的小区按一定的数目划分成 Cluster 区群(或称为簇)。

区群的定义是在地理位置上相邻但不能使用相同频率的小区。一个区群内含有的小区数称为区群的大小。如图 3.2.2 所示,A_1,B_1,C_1,D_1,…A_3,B_3,C_3,D_3 共同组成一个区群,这些小区位置上相邻但频率不同,该区群的大小是 12。区群内各小区均使用不同的频率组,而任一小区所使用的频率组,在其他区群相应的小区中还可以再用。

增大容量的关键在于频率复用,频率复用率会影响系统的容量。小区面积一定,区群内含有的小区数目越少,则覆盖一个给定服务区域需要越多的区群,因此频率复用率越高,容量越大;但从另一方面考虑,区群越小,同频小区间距离越小,同频干扰越大。因此,增大系统容量和降低同频干扰是矛盾的。在实际的蜂窝移动通信系统设计中,应协调和折中考虑这两个因素。

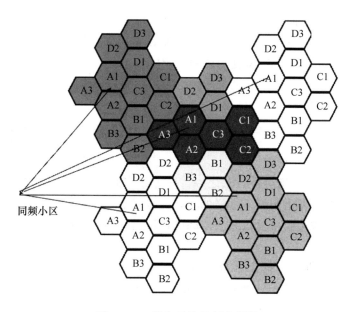

图 3.2.2　蜂窝系统的频率复用

2. 区群大小的设计

在满足一定通信质量的条件下,允许使用相同频道的小区之间的最小距离为同频复用的最小距离,称为同频复用距离 D。所谓最小距离是指保证接收机输入端的有用信号与同频干扰的比值(载干比 C/I)大于射频防护比。

对于一个蜂窝移动系统,区群大小取多少合适? 一般的原则是,同频复用距离 D、小区半径 r、区群大小 N 之间满足如下关系时:

$$\sqrt{3N} \geqslant \frac{D}{r} \tag{3.2.1}$$

求得的 N 越小越好,这样可以提高频率的利用率。$\frac{D}{r}$ 称为同频复用比。

目前常用的蜂窝网区群的大小 $N=12,9,7,4,3$。

3.2.3　移动通信的频率分配与复用

系统把可供使用的无线频道分成了若干个频率组(个数等于区群中的小区数),频率分配是频率复用的前提。频率分配有两个基本含义:一是频道分组,根据移动通信网的需要将全部频道分成若干组;二是频道指配,以固定的或动态分配方法指配给蜂窝网的用户使用。

移动通信的频率
分配与复用

频道分组的原则是:

- 根据国家或行业标准(规范)确定双工方式、载频中心频率值、频道间隔和收发间隔等。
- 确定无互调干扰或尽量减小互调干扰的分组方法。
- 考虑有效利用频率、减小基站天线高度和发射功率,在满足业务质量射频防护比的前提下,尽量减小同频复用的距离,从而确定频道分组数。

频道指配时需注意的问题有:

- 在同一频道组中不能有相邻序号的频道。

- 相邻序号的频道不能指配给相邻小区或相邻扇区。
- 应根据移动通信设备抗邻道干扰的能力来设定相邻频道的最小频率和空间间隔。由规定的射频防护比建立频率复用的频道指配方案。
- 频率规划、远期规划、新网和重叠网频率指配的协调一致。

固定频道分配应解决如下三个问题：频道组数、每组的频道数及频道的频率指配。根据同频复用系数 $\dfrac{D}{r}$ 可确定区群大小，若区群由 N 个小区组成，则需要 N 个频道组。每个频道组的频道数可由无线区的话务量确定。

等频距分配法是固定频道分配方法之一。按等频率间隔来配置信道的，只要频距选得足够大，就可以有效地避免邻道干扰。这样的频率配置可能正好满足产生互调的频率关系，但正因为频距大，干扰易于被接收机输入滤波器滤除而不易作用到非线性器件上，这也就避免了互调的产生。

等频距配置时可根据群内的小区数 N 来确定同一信道组内各信道之间的频率间隔，例如，第一组用 $(1,1+N,1+2N,1+3N,\cdots)$，第二组用 $(2,2+N,2+2N,2+3N,\cdots)$ 等。如 $N=7$，则信道的配置为：

- 第 1 组：1,8,15,22,29,
- 第 2 组：2,9,16,23,30,…
- 第 3 组：3,10,17,24,31,…
- 第 4 组：4,11,18,25,32,…
- 第 5 组：5,12,19,26,33,…
- 第 6 组：6,13,20,27,34,…
- 第 7 组：7,14,21,28,35,…

这样，同一信道组内的信道最小频率间隔为 7 个信道间隔，若信道间隔为 25 kHz，则其最小频率间隔可达 175 kHz，接收机的输入滤波器便可有效地抑制邻道干扰和互调干扰。

3.2.4　移动通信的移动性管理

移动通信的
移动性管理

网络要与移动用户建立呼叫连接，就必须随时记录（登记、删除、更新）用户的位置信息，以便在需要的时候能够寻呼该用户。如果移动用户正在通话，将会引起越区切换。这些都是蜂窝移动通信系统移动性管理的内容。

GSM 设置归属位置寄存器（HLR）和访问位置寄存器（VLR）来进行移动性管理。每个移动用户必须在 HLR 中注册。HLR 中存储的用户信息分为两类：一类是有关用户的参数信息，例如用户类别，向用户提供的服务，用户的各种号码、识别码，以及用户的保密参数等。另一类是关于用户当前位置的信息（例如移动台漫游号码、VLR 地址等），如图 3.2.3(a) 所示。

VLR 中存储的静态信息与 HLR 中的相同，动态信息略有不同，其中存放着移动台在网络中的准确位置（位置区码 LAC），如图 3.2.3(b) 所示。

位置信息的记录过程如下：

（1）将一个城市无线网络划成若干个位置区（类似于城市的片区划分），并分位置区广播自己的位置信息。

（2）手机通过侦听广播得知自己所在的位置区。

（3）如果发现位置区发生变化,则主动联系网络上报新位置信息。

（4）无线网络收到手机发来的位置变更信息后,将其记载在位置寄存器（数据库）。

HLR 存储信息			
静态信息			动态信息
姓名	电话号码	…… 开户地	现所在地
用户 A	159＊＊＊＊＊＊＊＊	…… 广州	MSC0512（佛山）

（a）HLR 存储的用户信息

VLR 存储信息			
静态信息			动态信息
姓名	电话号码	…… 开户地	现所在位置区
用户 A	159＊＊＊＊＊＊＊＊	…… 广州	LAC＊＊＊＊＊＊＊＊

（b）VLR 存储的用户信息

图 3.2.3　GSM 存储用户位置信息的数据库

以 GSM 系统为例,位置管理包括三方面的内容。

（1）位置登记。即用户首次入网时的登记注册。用户首次入网时,必须通过 MSC,把用户相关信息存放在 HLR 中进行登记注册。

（2）位置更新。MS 从一个位置区域进入另一个位置区域,进行通常意义下的位置更新;MS 在开机或者移动过程中,从锁定的广播控制信道 BCCH 上获得位置区识别标志 LAI,并将它与存储在 SIM 卡原先登记的 LAI 进行比较,如果位置区不一致,那么它将通知网络其数据库存放的该 MS 的位置信息不再正确,需要更新。

（3）周期位置更新。当用户手机没电、SIM 卡被拔出或进入无网络覆盖的区域时,网络无法找到用户,此时继续寻呼会浪费资源。因此,网络在特定的时间内,没有收到来自 MS 的任何消息,系统就对 MS 采取强制登记措施,这种位置登记过程叫作周期位置更新。

周期位置更新的具体做法是:系统设定一个周期性时间,要求手机每隔一段时间,不管位置区有无变化,都要向网络汇报自己所在的位置区。逾时未报的,就认为用户不在服务区或者电池耗尽,当作网络不可及,直到收到下一次位置更新再改变状态。

3.2.5　移动通信的安全性管理

由于无线信号通过开放的电磁波传播,不法分子可以利用技术手段收集、截获、破解、处理空中数据,因此移动通信面临的信息安全的威胁比固定有线通信的威胁大得多,我们必须采取一定的信息安全措施。移动通信

移动通信的安全性管理

的基本信息安全措施包括鉴权和加密技术,鉴权是为了保障只有合法用户才可以接入系统,对信号的加密是为了防止非法用户的破解、窃听等。

客户的鉴权与加密是通过系统提供的参数组来完成的,参数组的产生在 GSM 系统的 AUC（鉴权中心）中完成。

1. 鉴权

鉴权包括基站对手机终端的鉴权、手机终端对基站的鉴权、基站与核心网之间的鉴权、基站之间的鉴权等。在 GSM 中典型的鉴权是基站与用户之间的鉴权过程,即鉴别想接入系统的用户是否合法用户的过程。

GSM 鉴权过程为:AUC 中的伪随机码发生器产生一个不可预测的伪随机数（RAND）;SIM 卡内置 K_i 参数（用户鉴权密钥）,用该密钥 K_i 和 RAND 经 AUC 中的 A_3 算法（鉴权算法）

做运算以后,生成一个应答 SRES 发回给手机,并转发给移动网络;与此同时,移动网络也进行了相同算法的运算,将收到的 SRES 与运算得到的 SRES 进行比较。由于是同一 RAND,同样的 K_i 和 A_3 算法,因此结果 SRES 应相同。相同就证明其为合法用户,允许其登录。GSM 鉴权算法流程如图 3.2.4 所示。

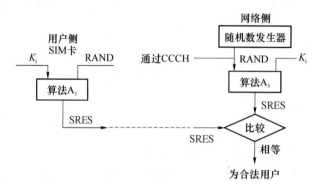

图 3.2.4 GSM 鉴权算法流程

2. 加密

GSM 系统中的加密是指无线路径上的加密,是指基站和用户之间交换用户信息和用户参数时不被非法个人或团体所得或监听。

在鉴权程序中,当 MS 计算 SRES 时,同时启用 A_8 算法(加密算法)得出 K_c(加密密钥)。根据 MSC/VLR 发出的加密命令,BTS 和 MS 均开始使用 K_c。

在 MS 侧,由 K_c、TDMA 帧号和加密指令 M 一起经 A_5 算法,对用户数据流进行加密后在无线信道上发送。

在 BTS 侧,把从无线信道上收到的加密数据流、TDMA 帧号和 K_c,再经过 A_5 算法解密后传送给 BSC 和 MSC。

语音及数据的加密是可选项。GSM 加密算法流程如图 3.2.5 所示。

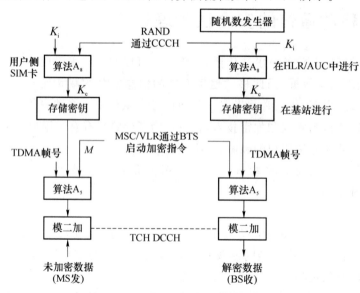

图 3.2.5 GSM 加密算法流程

任务三 中国主流移动通信技术

我国移动通信电话业务的发展始于 1981 年,当时采用的是早期的 150 MHz 系统,8 个信道,能容纳的用户数只有 20 个。随后相继发展的有 450 MHz 系统,如重庆市电信局首期建设的诺瓦特系统、河南省交通厅建成的 MAT-A 系统等。1987 年,我国在上海首次开通了 TACS 制式的 9 MHz 模拟蜂窝移动电话系统;同年 11 月,广东省也建成开通了覆盖珠江三角洲的 900 MHz 模拟蜂窝移动电话系统。

1994 年 9 月,广东省首先建成了 GSM 数字移动通信网,初期容量为 5 万户,于同年 10 月试运行。1996 年,我国研制出自己的数字蜂窝系统全套样机,完成了接入公众网的运行试验,并逐步实现了产业化开发。1996 年 12 月,广州建起我国第一个 CDMA 试验网。1997 年 10 月,广州、上海、西安、北京 4 个城市通过了 CDMA 试验网漫游测试,同年 11 月,北京试验点向社会开放。

2005 年 6 月,我国完成了 WCDMA、CDMA2000 和 TD-SCDMA 三大系统的网络测试,为商用化做好了准备。2009 年 1 月,工业与信息化部正式向中国移动、中国联通和中国电信三大运营商发放 3G 牌照,标志着中国正式进入 3G 时代。

2013 年 12 月,工业和信息化部向三大运营商发放了 4G 牌照,4G 商用进程快速推进。

经过 30 多年的发展,我国已建成了覆盖全国的移动通信网。2019 年,全国移动电话用户总数超 16 亿户,普及率达 114.4 部/百人,其中 4G 用户数突破 12.8 亿,占移动电话的比重超过 80%,4G 用户占比远高于全球的平均水平(不足 60%),与领先的韩国(80.7%)相当。移动通信业务从初期的单纯语音业务逐步发展成为包括短信业务、数据业务、预付费和 VPN(虚拟专用网)等智能业务在内的多元化业务结构。

截至 2019 年底,4G 基站达到 544 万个,占基站总数的 64.7%。2019 年新建 4G 基站 172 万个,一方面实现网络大规模扩容,弥补农村地区覆盖的盲点,提升用户体验;另一方面提升核心网能力,为 5G 网络建设夯实基础。

3.3.1 第二代移动通信系统

我国第二代移动通信系统以 GSM 和 CDMA 为主。为了适应数据业务的发展需要,在第二代技术中还诞生了 2.5G、2.75G,也就是 GSM 系统的 GPRS、EDGE 和 CDMA 系统的 IS-95B、CDMA1x 等技术,提高了数据

第二代移动
通信系统

传送能力。第二代移动通信系统在引入数字无线电技术以后,数字蜂窝移动通信系统提供了更好的网络,不但改善了语音通话质量,提高了保密性,防止了并机盗打,而且为移动用户提供了无缝的国际漫游。

1. GSM

1992 年 GSM 投入商用后,迅速风靡全球,中国也于 1992 年在浙江嘉兴开通国内第一个 GSM 演示系统,次年投入商用,之后成为世界上拥有用户数最多的移动通信系统。

(1) GSM 的基本参数与特点

① 工作频段

我国的 GSM 主要工作频段有两个,即 900 MHz 频段和 1 800 MHz 频段。在 900 MHz 频

段,上行频段为 890～915 MHz;下行频段为 935～960 MHz。在 1 800 MHz 频段,上行频段为 1 710～1 785 MHz;下行频段为 1 805～1 880 MHz。

GSM 的收发频率间隔为 45 MHz,相邻载频间隔是 200 kHz,每个载频采用时分多址方式,一个载频 8 个时隙,每个时隙是一个信道,一共 8 个物理信道,而在 900 MHz 频段,GSM 一共有 25 MHz 可用对称带宽,因此 25 MHz/0.2 MHz=125。也就是说,一共 125 对上下行载频,实际中划分为 124 对载频(也称频点),一对载频 8 个信道,则 GSM 在 900 MHz 频段有 992 个信道。

② 调制与编码

GSM 的调制方式是 GMSK 高斯最小频移键控,采用全速率语音编码的话音比特率为 13 kbit/s,频谱利用率为 1.35 bit/(s·Hz)。

③ 系统特点

GSM 采用了统一的标准,使得用户的漫游和 PSTN 等网络的互联互通成为可能;GSM 的短信、GPRS 上网等多种业务的发展使得业务的多样性成为可能;GSM 系统的容量比第一代模拟移动通信提高了 3～5 倍,同时由于先进的调制编码、均衡、交织等技术的采用,频谱效率也有了提升。

(2) GSM 的网络架构

GSM 的网络结构如图 3.3.1 所示。

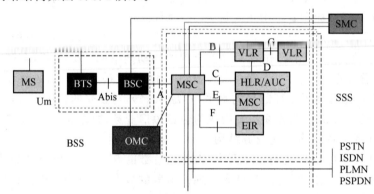

图 3.3.1　GSM 系统结构

其中子单元的功能如表 3.3.1 所示。

表 3.3.1　GSM 子单元功能列表

子单元	功能
MS(移动台)	包括 ME(移动设备)和 SIM(用户识别模块)
BTS(基站收发信台)	为一个小区服务的无线收发信设备
BSC(基站控制器)	对一个或多个 BTS 进行控制
MSC(移动业务交换中心)	对于位于它管辖区域中的移动台进行控制、交换
VLR(访问位置寄存器)	存储与呼叫处理有关的一些数据
HLR(归属位置寄存器)	管理部门用于移动用户管理的数据库 存储有关用户的参数和目前所处位置的信息
EIR(设备识别寄存器)	对移动设备的识别、监视、闭锁 存储有关移动台设备参数的数据库
AUC(鉴权中心)	认证移动用户的身份和产生相应鉴权参数
OMC(操作维护中心)	操作维护系统中的各功能实体

下面对 GSM 的几个主要接口进行简单的介绍。

① A 接口：移动交换中心与基站系统之间的接口为 A 接口，A 接口中传递的信息主要涉及基站系统的管理、呼叫处理、移动性管理。

② Abis 接口：基站控制器与基站收发信台之间的接口是 Abis 接口，主要支持 GSM 用户的服务。Abis 接口还可以控制基站收发信台的无线频率分配。

③ B 接口：移动交换中心与对应的访问位置寄存器之间的接口是 B 接口。

④ C 接口：归属位置寄存器与移动交换中心之间的接口是 C 接口。

⑤ D 接口：归属位置寄存器与访问位置寄存器之间的接口是 D 接口。

⑥ E 接口：移动交换中心之间的接口是 E 接口。

⑦ F 接口：设备标识寄存器与移动交换中心之间的接口是 F 接口。

⑧ G 接口：访问位置寄存器之间的接口是 G 接口。

⑨ Um 接口：移动台与基站系统之间的接口是 Um 接口，也就是通常人们说的空中接口，主要负责无线资源管理、移动性管理等。

2. IS-95 CDMA

基于扩频技术的码分多址接入是 CDMA 移动通信系统的技术基础。扩频技术最初广泛应用于军用抗干扰通信研究，1995 年中国香港和美国的 CDMA 公用网开始投入商用。

（1）IS-95 的基本参数与特点

① 工作频段

上行频段：824～849 MHz；下行频段：869～894 MHz。每个载频有 64 个 CDMA 信道。

② 调制与编码

下行调制方式为 QPSK，上行调制方式为 OQPSK，扩频方式采用的是直接序列扩频技术。信道编码采用的是码率为 1/2、约束长度为 9 的下行卷积编码或者码率为 1/3、约束长度为 9 的下行卷积编码的方式。交织编码的间距为一个语音帧周期：20 ms。语音编码采用的是可变速率的 CELP。

③ 系统特点

与传统的 FDMA 和 TDMA 移动通信系统相比，CDMA 移动通信系统具有抗干扰性好、抗多径衰落性好、保密性高、容量大、频率利用率高、终端发射功率小等优点。

（2）主要技术

① 扩频技术

CDMA 是以扩频技术为基础的，所谓扩频就是把信息的频谱扩展到宽带中进行传输的技术。CDMA 采用的是直接序列扩频技术，在发送端采用扩频码调制，使信号所占的频带宽度远大于所传信息必需的带宽，在接收端采用相同的扩频码进行相关解调来解扩以恢复所传信息数据，如图 3.3.2 所示。

扩频通信有频率利用率高、隐蔽性和保密性好、易于实现多址、抗衰落和抗干扰能力强的特点。

在 CDMA 系统中，要求扩频码具有以下几个特点：互相关特性强，各个码之间正交；自相关特性强，自身与自身延时相关时，结果接近 0，这样有利于进行搜索；数量多，以提供众多用户使用。

由于没有一种扩频码可同时满足以上几个要求，因此 CDMA 系统的扩频过程分为信道化和加扰两步。信道化码用于区分信道，特点是码间完全正交；扰码主要用于区分信源，特点是码间不完全正交,互相视为高斯噪声。在 IS-95 系统里,下行信道化码采用的是 64 阶 Walsh 正交码,下行基站识别码采用的是 PN 序列短码,上行用户地址码采用的是 PN 系列长码。

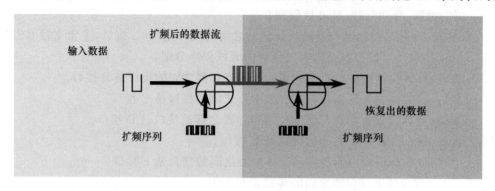

图 3.3.2　直接序列扩频系统框图

如图 3.3.3 所示,某移动用户业务信号经基站天线发射前需作两步扩频运算:一是信道化(用某业务信道码 Walsh 19 扩频),二是加扰(用基站识别码 PN 372 扩频)。接收端移动台为了解调这个信号,也需分别结合与发送端相同的基站识别码(PN 372)和信道码(Walsh 19)作两步解扩运算。

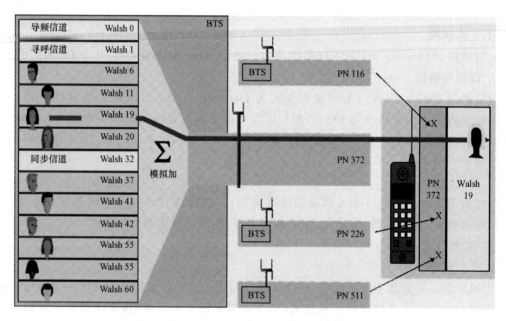

图 3.3.3　CDMA 扩频码应用举例

② 软容量与软切换

CDMA 与 GSM 的一大区别在于软容量。GSM 的信道容量是硬性的,GSM 的信道资源为 124 对载频、992 个信道,时隙没被占满可以接入用户,一旦时隙占满了,就无法接纳新的接入。而 CDMA 区分用户的手段不是靠时隙、频率,靠的是码字。不同用户有不同的码字,当 CDMA 的系统满载的时候,再接入几个用户只会造成信干比的性能下降,而不会造成 GSM 的阻塞现象。

CDMA 可以采用软切换技术,软切换是相对于硬切换而言的,硬切换是先断开后连接,但是软切换是先连接后断开。总体来说,软切换对于提高切换成功率,减少掉话很有帮助。

　　③ RAKE 接收

　　移动通信信道是一种多径衰落信道,发射端发射的信号在空间传播的过程中,由于受到障碍物的反射、折射等现象的影响,在接收端形成的多路接收信号具有不同时延的多径效应。RAKE接收技术分别接收每一路的信号进行解调,然后叠加输出达到增强接收效果的目的,这里多径信号在 CDMA 系统中不再是不利因素,而是变成一个可供利用的有利因素,如图 3.3.4 所示。

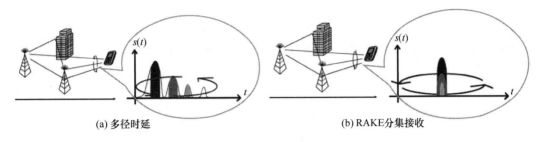

(a) 多径时延　　　　　　　　　　　　(b) RAKE分集接收

图 3.3.4　RAKE 接收增强接收效果

　　RAKE 接收的原理为:假设在无线传输环境中有三条主要路径,在接收端的多径传播信号可以用图 3.3.5(a)所示的矢量图表示;若 RAKE 分别接收每路信号进行解调,相位对齐后叠加输出,三条路径信号矢量图可改变成图 3.3.5(b)所示形式。

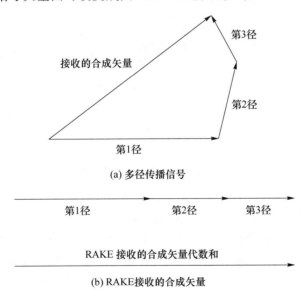

图 3.3.5　RAKE 接收原理

3.3.2　第三代移动通信系统

第三代移动
通信系统

　　在第三代移动通信中,最具代表性的技术标准有美国提出的 CDMA2000、欧洲提出的 WCDMA 和中国提出的 TD-SCDMA。

　　3G 具有以下基本特点:

　　• 无一例外地选用 CDMA 技术;

- 增强了对中高速数据业务的支持(多媒体、互联网业务);
- 针对数据业务进行了优化,无论是传输技术,还是控制协议支持分组业务;
- 使用一些新技术,如快速寻呼、发送(射)分集、前向闭环功率控制、Turbo 码及新型语音处理器;
- 容量大、质量高及支持复杂业务。

相比第二代移动通信系统,它能提供更高的速率、更好的移动性和更丰富的多媒体综合业务。

1. WCDMA

WCDMA 是世界范围内商用最多、技术发展最为成熟的 3G 制式。在我国,中国联通在 2008 年电信行业重组之后建设和运营 WCDMA 网络。

WCDMA 的系统架构如图 3.3.6 所示。

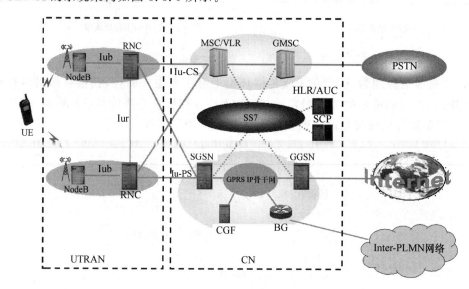

图 3.3.6　WCDMA 系统架构

其中:UE 为用户终端;UTRAN(陆地无线接入网)由基站(NodeB)和无线网络控制器(RNC)组成。核心网络(CN)由 MSC/VLR、GMSC、SGSN、GGSN 和 HLR 等网元组成。

基站(NodeB)完成扩频、调制、信道编码及解扩、解调、信道解码,还包括基带信号和射频信号的相互转换等功能。另外,还有功率控制、提供 Iub 接口(NodeB 和 RNC 之间的逻辑接口)、RACK 接收、主分集接收等功能。无线网络控制器(RNC)完成连接建立和断开、切换、无线资源管理控制等功能。

CN(核心网络)各网元中,MSC/VLR 提供 CS 域的呼叫控制、移动性管理、鉴权加密等功能;GMSC 作为 CS 域与外部网络的网关节点、移固网间的关口局;SGSN 作为 PS 域节点,完成路由转发、移动性管理、会话管理、鉴权加密;GGSN 作为 PS 域节点,提供路由和封装;HLR 完成用户信息存放等功能。

2. CDMA2000

CDMA2000 是美国提出的 3GPP2 体系中的第三代移动通信技术体制,是从 IS-95 的基础上演进过来的。CDMA2000 的演进路线是 IS-95A→IS-95B→CDMA20001X→CDMA20001X EV,其中 CDMA20001X EV 技术分为 1X EV-DO 和 1X EV-DV 两种技术体制。与 CDMA20001X 相比,

1X EV-DO 采用的是全新的信道结构,因此兼容性上不如 1X EV-DV。但由于 1X EV-DO 的产业化较早,因此 1XEV-DO 成为 CDMA2000 技术的主流。在我国,中国电信采用 CD-MA2000 技术标准。

CDMA2000 的系统架构如图 3.3.7 所示。

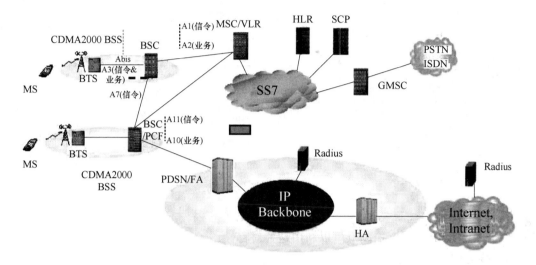

图 3.3.7 CDMA2000 系统架构

其中除了 IS-95 已有网元外,CDMA2000 增加 PS 域相关网元、家乡代理(Home Agent,HA)、外地代理(Foreign Agent,FA)和分组数据控制功能(Packet Control Function,PCF),完成分组域的业务和控制功能。

3. TD-SCDMA

2001 年 3 月由邮电部电信科学技术研究院与西门子合作提出的 TD-SCDMA 正式被接纳为第三代移动通信的标准。TD-SCDMA 也是中国几千年以来通信行业第一个完整的国际技术标准。TD-SCDMA(Time Division-Synchronization Code Division Multiple Access,时分同步码分多址)集中了 CDMA 和 TDD 的优势,当然也包括不足,TD-SCDMA 有系统容量比较大、抗干扰能力强、频谱利用率高等特点。由于 TD-SCDMA 的起步比较晚,技术发展成熟度不及其他两大标准,同时市场前景不明朗导致相关产业链的发展滞后,最终全球只有中国移动一家运营商部署了商用 TD-SCDMA 网络。

TD-SCDMA 系统架构如图 3.3.8 所示。

TD-SCDMA 系统架构与 WCDMA 基本一致,UE 为用户终端;UTRAN(陆地无线接入网)由基站(NodeB)和无线网络控制器(RNC)组成。核心网络(CN)由 MSC/VLR、GMSC、SGSN、GGSN 和 HLR 等网元组成。

TD-SCDMA 的主要特点如下。

(1)TDD 双工方式

双工方式可以分为 TDD 时分双工和 FDD 频分双工。TDD 用时隙来区分上下行信号,FDD 用频率来区分上下行信号。TDD 相比 FDD 的优点在于,TDD 不像 FDD 那样需要成对的频谱,使得分配频段更加简单。另外,TDD 能更灵活地支持非对称业务。对于 TDD 来说,上下行信道工作于同一个频段,只是不同的时隙,这样就可以通过调整上下行的时隙数目来适应上下行的业务量。由于上下行信道使用同一个频率,因此传播特性相近,使用智能天线的时

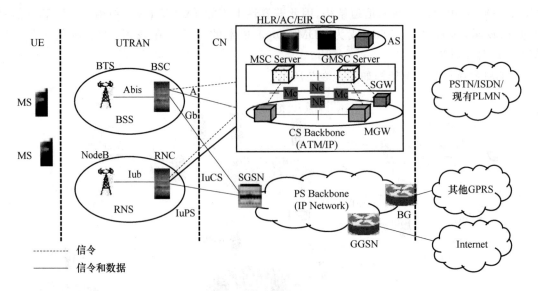

图 3.3.8 TD-SCDMA 系统架构

候更加方便,同时上行功率控制也可以利用这种对称性。

（2）接力切换

接力切换是 TD-SCDMA 移动通信系统的核心技术之一。接力切换的原理和接力棒交接的过程十分类似,参与切换的基站是参赛的队友,用户终端就是接力棒。在用户终端从源小区移动到目标小区的过程中,网络利用智能天线和上行同步的技术对用户终端进行定位,以终端的距离和方位信息作为辅助信息,判断目前用户是否移动到了可进行切换的相邻基站的临近区域。如果到了,就成功地把用户终端从原来的基站交接到目的基站。

（3）智能天线

智能天线的核心技术波束赋形在 20 世纪 60 年代就开始在美国的军事雷达中有所涉及。智能天线的基本原理是利用天线阵列的波束合成和指向,产生多个独立的波束,自适应地调整其方向图,使得辐射主瓣能够自适应地指向来波方向,对干扰方向调零以减少甚至抵消干扰信号,如图 3.3.9 所示。智能天线可以提高接收信号的载干比,以增加系统容量和频谱效率,从而提高信干比,降低多径干扰,提高系统覆盖范围。

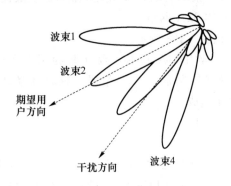

图 3.3.9 智能天线自适应波束示意图

表 3.3.2 为 3G 三种主流技术的主要性能比较,其主要区别如下:

· WCDMA 是宽带 CDMA 技术,其扩频码速率为 3.84 Mchip/s,载波带宽为 5 MHz;

CDMA2000 采用多载波技术,基本的单载波扩频码速率为 1.228 Mchip/s,载波带宽为1.25 MHz;TD-SCDMA 的扩频码速率为 1.28 Mchip/s,载波带宽为 1.6 MHz。

- WCDMA 和 CDMA2000 采用频分双工 FDD 方式,需要成对的频率规划。TD-SCD-MA 采用时分双工 TDD,不需要较复杂的频率规划。
- WCDMA 基站间同步是可选的,CDMA2000 和 TD-SCDMA 基站间同步是必须的,需要全球定位系统 GPS。

表 3.3.2　WCDMA/TD-SCDMA/CDMA2000 主要性能比较

制式	TD-SCDMA	WCDMA	CDMA2000
载波间隔	1.6 MHz	5 MHz	1.25 MHz
码片速率	1.28 Mchip/s	3.84 Mchip/s	1.228 Mchip/s
双工方式	TDD	FDD	FDD
帧长	5 ms	10 ms	10 ms
异频切换	支持	压缩模式	支持
检测方式	联合检测	相干解调	相关解调
信道估计	Dw/UpPCH,Midamble	公共导频	前反向导频
编码方式	卷积码,Turbo 码	卷积码,Turbo 码	卷积码,Turbo 码
功率控制	200 Hz	1 500 Hz	800 Hz
基站同步	同步(GPS)	异步	同步(GPS)
频率利用率	14	6	12

3.3.3　第四代移动通信系统

第四代移动
通信系统

LTE 的英文全称是 Long Term Evolution(长期演进),是由 3GPP 组织制定的 UMTS 技术标准的长期演进。

LTE 系统有两种制式:LTE FDD 和 TD-LTE,即频分双工 LTE 系统和时分双工 LTE 系统。目前中国移动、中国联通和中国电信都采用了两种制式。这两种制式理论上的速率还是有差别的,结合实际情况,二者各有千秋。

1. LTE 主要指标

3GPP LTE 项目的主要性能目标包括:

- 在 20 MHz 频谱带宽能够提供下行 100 Mbit/s、上行 50 Mbit/s 的峰值速率;
- 改善小区边缘用户的性能;
- 提高小区容量;
- 降低系统延迟,用户平面内部单向传输时延低于 5 ms,控制平面从睡眠状态到激活状态迁移时间低于 50 ms,从驻留状态到激活状态的迁移时间小于 100 ms;
- 支持 100 km 半径的小区覆盖;
- 能够为 350 km/h 高速移动用户提供大于 100 kbit/s 的接入服务;
- 支持成对或非成对频谱,可灵活配置 1.25～20 MHz 多种带宽。

2. LTE 网络结构

为了简化网络和减小延迟,实现低时延、低复杂度和低成本的要求,根据网络结构"扁平化""分散化"的发展趋势,LTE 改变了传统 3GPP 接入网的 NodeB 和 RNC 两层结构,将上层 ARQ、无线资源控制和小区无线资源管理功能在 NodeB 完成,形成"扁平"的 E-UTRAN 结构。

LTE 系统由 3 部分组成:核心网(Evolved Packet Core,EPC)、接入网(E-UTRAN)和用户设备(UE),如图 3.3.10 所示。

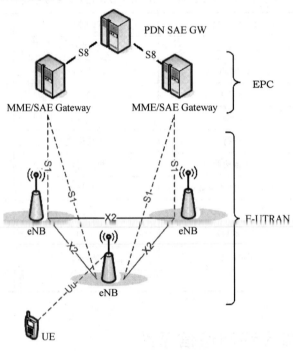

图 3.3.10　LTE 网络结构

(1) 接入网 E-UTRAN

E-UTRAN 只有一个网元实体 eNodeB,eNodeB 除了具有原来 NodeB 的功能外,还承担了原来 RNC 的大部分功能:

- 无线资源管理,包括无线承载控制、无线接入控制、连接移动性控制、UE 的上下行动态资源分配;
- IP 头压缩和用户数据流加密;
- UE 附着时的 MME 选择;
- 用户面数据向 S-GW 的路由;
- 寻呼消息调度和发送;
- 广播信息的调度和发送;
- 移动性测量和测量报告的配置。

(2) 核心网 EPC

核心网 EPC 又称系统结构演进(System Architecture Evolution,SAE),分为三部分:移动管理实体(Mobility Management Entity,MME),负责包括漫游、切换等 UE 的移动性管理在内的信令处理部分;业务网关(Serving Gateway,S-GW),负责本地网络用户数据处理部分;

分组数据网网关(PDN Gateway,P-GW),负责用户数据包与其他网络的处理。其中 S-GW 往往和 P-GW 合设。

MME 的主要功能有:

- 分发寻呼信息给 eNodeB;
- 接入层安全控制;
- 移动性管理涉及核心网节点间的信令控制;
- 空闲状态的移动性管理;
- SAE 承载控制;
- 非接入层(NSA)信令的加密及完整性保护;
- 跟踪区列表管理;
- P-GW 与 S-GW 选择;
- 向 2G/3G 切换时的 SGSN 选择;
- 漫游;
- 鉴权。

S-GW 的主要功能有:

- 终止由于寻呼原因产生的用户平面数据包;
- 支持由于 UE 移动性产生的用户面切换;
- 合法监听;
- 分组数据的路由与转发;
- 传输层分组数据的标记;
- 运营商间计费的数据统计;
- 用户计费。

P-GW 功能主要有:

- 基于用户的包过滤;
- 合法监听;
- IP 地址分配;
- 管理 3GPP 接入和非 3GPP 接入(如 WLAN、WiMAX 等)间的移动;
- 上下行传输层数据包标记;
- 负责动态主机配置(Dynamic Host Configuration Protocol,DHCP)策略执行;
- 用户计费。

eNodeB 与 EPC 之间通过 S1 接口连接,支持多对多连接方式;eNodeB 之间通过 X2 接口相连,支持 eNodeB 之间的通信需求,eNodeB 与 UE 为 Uu 接口。EPC/LTE 的所有接口都基于 IP 协议。

3. LTE 的两种制式

LTE 依据其双工方式的不同,可分为 FDD 和 TDD 两种制式,这两种制式共同在 3GPP 框架内进行标准制定,将两种制式的协议实现在相同的规范中描述,并尽可能地保证其协议实现相同,如遇到无法融合的差异,则仅对差异部分进行分别描述,这一指导思想为两种制式的共平台、低成本实现奠定了基础。

(1)系统设计差异

TD-LTE 与 LTE FDD 的区别仅在于物理层,而物理层的差异又集中体现在帧结构上。

FDD 模式下,10 ms 的无线帧被分为 10 个子帧,每个子帧包含两个时隙,每时隙长

0.5 ms,如图 3.3.11 所示。

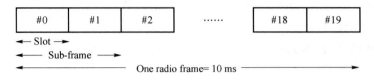

图 3.3.11　LTE FDD 帧结构

TD-LTE 和 LTE FDD 系统的无线帧长均为 10 ms,1 个无线帧分为 10 个 1 ms 子帧,其差别在子帧的使用上。对于 LTE FDD,所有子帧同时用于上行或者下行传输。TD-LTE 的子帧则分为用于上行和下行传输的子帧和特殊子帧,一帧内上行子帧和下行子帧的比例可根据上下行业务比例等系统需求配置,共有 7 种配置模式。特殊子帧中包括 3 个特殊时隙:DwPTS、GP 和 UpPTS(图 3.3.12)。特殊时隙的长度同样可根据网络需求配置。例如,时隙配置 2(上下行时隙配比为 1∶3)和特殊时隙配置 5(3∶9∶2,即 DwPTS、GP、UpPTS 各占用 3 个、9 个和 2 个 OFDM 符号)的系统,其下行传输能力高于上行,且可以与上下行时隙配比为 2∶4 的 TD-SCDMA 系统共存。

DwPTS 占用 3～12 个 OFDM 符号(正常 CP 下),可用于下行主同步信号(PSS)、控制信道(PCFICH、PDCCH、PHICH)和业务信道(PDSCH)的传输。UpPTS 占用 1 或 2 个 OFDM 符号,主要用于传输上行探测参考信号(SRS),也可用于随机接入信道(PRACH),但可支持的覆盖半径有限。GP 为上下行传输切换的保护时隙,不传输数据,不同长度的 GP 支持不同的最大覆盖半径,占用 10 个 OFDM 符号的 GP(特殊时隙配置 0)可支持 100 km 覆盖半径。

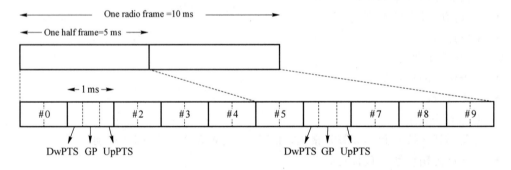

图 3.3.12　TD-LTE 帧结构

TD-LTE 支持 5 ms 和 10 ms 上下行切换点。对于 5 ms 上下行切换周期,子帧 2 和 7 总是用作上行。对于 10 ms 上下行切换周期,每个半帧都有 DwPTS;只在第 1 个半帧内有 GP 和 UpPTS,第 2 个半帧的 DwPTS 长度为 1 ms。UpPTS 和子帧 2 用作上行,子帧 7 和 9 用作下行。

TD-LTE 和 LTE FDD 帧结构的不同导致两者的理论峰值速率有所差别。

表 3.3.3 比较了 20 MHz 带宽下,几种不同时隙配比的 TD-LTE 系统和 LTE FDD 系统的峰值速率(注意,峰值速率和终端等级有关)。需要指出的是,峰值速率是系统最大的能力,虽然在实际网络中难以达到,但也可以反映系统的相对能力。对于 TD-LTE 的时隙配比 2(即上下行时隙比为 1∶3),由于下行时隙较多(在 10∶2∶2 的特殊时隙配比下,DwPTS 也可以用于业务信道 PDSCH 的传输),更多的空口资源被用于下行传输,下行传输速率高于 LTE FDD。由于特殊时隙占用资源,TD-LTE 的上行速率低于 LTE FDD。因此,TD-LTE 这种非对称特性更适合于移动互联网的非对称业务承载。

表 3.3.3　TD-LTE 和 LTE FDD 性能比较

接入技术	系统参数	上行/下行峰值 终端等级 3(Mbit/s)	上行/下行峰值 终端等级 4(Mbit/s)
TD-LTE	上下行时隙配比:2:2 特殊时隙配置:10:2:2	20.4/61.2	20.4/82.3
	上下行时隙配比:1:3 特殊时隙配置:10:2:2	10.2/81.6	10.2/112.5
LTE FDD	10 MHz×2	25.5/73.4	25.5/73.4

（2）TD-LTE 特有技术

TD-LTE 与 FDD 在帧结构上的差异是导致其他差异存在的根源,TD-LTE 系统具有一些特有技术。

① 上下行配比

TD-LTE 中支持不同的上下行时间配比,可以根据不同的业务类型,调整上下行时间配比,以满足上下行非对称的业务需求。

② 特殊时隙的应用

为了节省网络开销,TD-LTE 允许利用特殊时隙 DwPTS 和 UpPTS 传输系统控制信息。LTE FDD 中用普通数据子帧传输上行导频,而 TD-LTE 系统中,短 CP 时,DwPTS 的长度为 3 个、9 个、10 个、11 个或 12 个 OFDM 符号,UpPTS 的长度为 1～2 个 OFDM 符号,相应的 GP 长度为 1～10 个 OFDM 符号(即 70～700 μs,对应 10.7～110.78 km 覆盖);UpPTS 中的符号可用于发送上行探测(Sounding)导频或随机接入序列;DwPTS 长度大于 3 时可用于正常的下行数据发送;主同步信道位于 DwPTS 的第三个符号,同时,该时隙中下行控制信道的最大长度为两个符号(与多播/组播单频网络(Multicast Broadcast Single Frequency Network, MBSFN)Subframe 相同)。TD-LTE 特殊子帧在帧结构中的位置如图 3.3.13 所示,其中 Type2 TDD 即为 3GPP 中 TD-LTE 的帧结构名称。

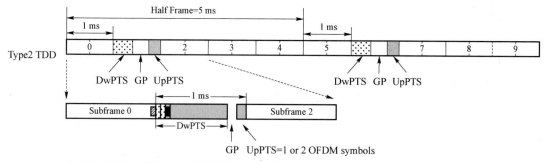

图 3.3.13　TD-LTE 特殊子帧结构图

③ 多子帧调度/反馈

和 LTE FDD 不同,TD-LTE 系统不总是存在 1:1 的上下行比例。当下行多于上行时,存在一个上行子帧反馈多个下行子帧,TD-LTE 提出的解决方案有 multi-ACK/NAK、ACK/NAK 捆绑等。当上行子帧多于下行子帧时,存在一个下行子帧调度多个上行子帧(多子帧调度)的情况。

④ 同步信号设计

除了 TD-LTE 固有的特性之外（上下行转换、特殊时隙等），TD-LTE 与 FDD 帧结构的主要区别在于同步信号的设计。LTE 同步信号的周期为 5 ms，分为主同步信号（PSS）和辅同步信号（SSS）。LTE TDD 和 FDD 帧结构中，同步信号的位置/相对位置不同。在 TDD 帧结构中，PSS 位于 DwPTS 的第三个符号，SSS 位于 5 ms 第一个子帧的最后一个符号；在 FDD 帧结构中，主同步信号和辅同步信号位于 5 ms 第一个子帧内前一个时隙的最后两个符号。利用主、辅同步信号相对位置的不同，终端可以在小区搜索的初始阶段识别系统是 TDD 还是 FDD。

⑤ HARQ

在混合自动重传 HARQ 技术的使用上，两者均采用下行异步 HARQ 和上行同步 HARQ，差别在于 HARQ 时序和进程数。对于 LTE FDD，对第 n 子帧的上行或下行数据传输的反馈信息（ACK/NACK）在第 $n+4$ 子帧发送，重传则可以在第 $n+8$ 个子帧上发送（一般 HARQ 的往返时延（Round-Trip Time，RTT）为 8 ms）。而由于 TD-LTE 的上下行时隙配比存在多种配置，且无对应关系，反馈信息在第 $n+k$ 个子帧上传输，k 的取值范围为 4～13，和时隙配置有关。因此 HARQ RTT 比 FDD 稍长。此外 LTE FDD 的 HARQ 最大进程数为 8，而 TD-LTE 的 HARQ 进程数则和时隙配比有关，下行为 4～15，上行为 1～6。由于上下行时隙配比不对称，需要将多个 ACK/NACK 反馈信息绑定或复用在同一上行控制信道中发送。

TD-LTE 系统的非对称时隙配置还会对上行调度产生影响。例如，当上行时隙多于下行时隙时，需要用一个下行子帧的控制信道（PDCCH）指示多个上行子帧的数据传输。而对于 LTE FDD 系统，一个下行 PDCCH 总是调度其 4 ms 后上行业务信道 PUSCH 的传输。

（3）TD-LTE 与 LTE FDD 的比较

TD-LTE 在系统设计等方面具有自己独特的技术特点，与 LTE FDD 相比，具有特有的优势。

① 频谱配置

频段资源是无线通信中最宝贵的资源，由于 TD-LTE 系统无须成对的频率，可以方便地配置在 LTE FDD 系统所不易使用的零散频段上，具有一定的频谱灵活性，能有效地提高频谱利用率，因此，在频段资源方面，TD-LTE 系统比 LTE FDD 系统具有更大的优势。

② 支持非对称业务

移动通信系统不断发展，除了传统语音业务之外，数据和多媒体业务将成为主要内容，且上网、文件传输和多媒体等数据业务通常具有上下行不对称特性。TD-LTE 系统在支持不对称业务方面具有一定的灵活性。根据 TD-LTE 帧结构的特点，TD-LTE 系统可以根据业务类型灵活配置上下行配比。例如浏览网页、视频点播等业务，下行数据量明显大于上行数据量，系统可以根据业务量的分析，配置下行帧多于上行帧的情况，如 6DL：3UL，7DL：2UL，8DL：1UL，3DL：1UL 等。而在提供传统的语音业务时，系统可以配置下行帧等于上行帧，如 2DL：2UL。

在 LTE FDD 系统中，非对称业务的实现对上行信道资源存在一定的浪费，必须采用高速分组接入（HSPA）、演进的数据业务（EV-DO）和广播/组播等技术。相对于 LTE FDD 系统，TD-LTE 系统能够更好地支持不同类型的业务，不会造成资源的浪费。

③ 智能天线

智能天线技术是未来无线技术的发展方向，它能降低多址干扰，增加系统的吞吐量。在

TD-LTE 系统中,上下行链路使用相同频率,且间隔时间较短,小于信道相干时间,链路无线传播环境差异不大,在使用赋形算法时,上下行链路可以使用相同的权值。与之不同的是,由于 FDD 系统上下行链路信号传播的无线环境受频率选择性衰落影响不同,根据上行链路计算得到的权值不能直接应用于下行链路。因而,TD-LTE 系统能有效地降低移动终端的处理复杂性。

④ 与 TD-SCDMA 的共存

由于 TD-LTE 帧结构基于我国 TD-SCDMA 的帧结构,能够方便地实现 TD-LTE 系统与 TD-SCDMA 系统的共存和融合。以 5 ms 的子帧为基准,TD-SCDMA 有 7 个子帧,且特殊时隙是固定的,TD-LTE 通过调整特殊时隙的长度,就能够保证两个系统的 GP 时隙重合(上下行切换点),从而实现两个系统的融合。

由于 TD-LTE 在同一帧中传输上下行两个链路,系统设计更加复杂,对设备的要求较高,存在一些不足:

- 由于保护间隔的使用降低了频谱利用率,特别是提供广覆盖的时候,使用长 CP,对频谱资源造成了浪费。
- 使用 HARQ 技术时,TD-LTE 使用的控制信令比 LTE FDD 更复杂,且平均 RTT 稍长于 LTE FDD 的 8 ms。
- 由于上下行信道占用同一频段的不同时隙,为了保证上下行帧的准确接收,系统对终端和基站的同步要求很高。

为了补偿 TD-LTE 系统的不足,TD-LTE 系统采用了一些新技术,例如,TDD 支持在微小区使用更短的 PRACH,以提高频谱利用率;采用多重 ACK/NACK 的方式,反馈多个子帧,节约信令开销等。

受上下行非连续发送影响,TD-LTE 的用户面时延和控制面时延与 FDD LTE 相比略有差别,这里用户面时延指业务信道的空口传输时延,对于 TD-LTE,由于时隙设计导致上下行时延稍有差别,对于 LTE FDD 上下行时延是一样的。此外,HARQ 的重传会增大用户面时延。控制面时延指空闲态到连接态的时延,即终端从 RRC 空闲态发起随机接入,到建立 RRC 连接进入 RRC 连接状态所需要的时间。实际网络中,端到端的用户面时延一般用小 IP 报文(ping 分组)从终端发送到应用服务器,再返回终端所需的 RTT 时间来测量。在传输网和核心网时延相同的条件下,TD-LTE 和 LTE FDD 的端到端时延差别主要在空口时延上,而这一差异为 2~5 ms,对业务影响可以忽略。

TD-LTE 的特殊时隙配置还会影响其最大覆盖半径,在大部分的特殊时隙配置下,由于 TDD 系统同步的需求,以 GP 长度计算出的理论覆盖半径小于 LTE FDD。需要指出的是,由于两系统资源分配和调制编码方式完全相同,在保证一定边缘用户速率的情况下,TD-LTE 和 LTE FDD 的覆盖能力差异不大。

4. LTE 语音解决方案

LTE 具备高带宽、低时延、高频谱利用率等特点,能够满足数据业务高速增长的需求,但由于语音业务在很长一段时间内仍将是不可或缺的重要业务,因此,LTE 不仅需要支持迅猛增长的数据业务,也应继续提供高质量的语音业务。

基于 LTE 面向分组域优化的系统设计目标,LTE 的网络架构不再区分电路域(Circuit Switching,CS)和分组域(Packet Switch,PS),采用统一的分组域(PS)架构。在新的 LTE 系统架构下,不再支持传统的电路域语音解决方案,IP 多媒体子系统(IP Multimedia Subsystem,IMS)控制的 VoIP 业务将作为未来 LTE 网络中的语音解决方案;同时,在 LTE 发展初期,由于覆盖规模的限制和考虑到保护运营商先前的投资等原因,LTE 网络将会和 2G/3G 网络长期并存。为了保证在 LTE 网络中也能进行语音业务,并且保证用户在 LTE 网络和 2G/3G 网络间切换时的业务连续性,形成了三种不同的语音解决方案:多模双待、电路域回落(Circuit Switched Fallback in Evolved Packet System,CSFB)和单射频-语音呼叫连接(Single Radio Voice Call Continuity,SR-VCC)。

(1) 多模双待

多模双待方案即采用定制终端,终端可以同时待机在 LTE 网络和 2G/3G 网络,而且可以同时从 LTE 和 2G/3G 网络接收和发送信号。双待机终端在拨打电话时,可以自动选择从 2G/3G 模式下进行语音通信。也就是说,双待机终端利用其仍旧驻留在 2G/3G 网络的优势,从 2G/3G 网络中接听和拨打电话;而 LTE 网络仅用于数据业务。

双待机终端分为单卡、多卡,以及双卡可见一卡的形式,其中考虑用户体验,单卡形式为首选,这种方式需要用两个芯片(1 个 2G/3G 芯片和 1 个 LTE 芯片)或一个多模芯片来实现,解决方案简单。由于双待机终端的 LTE 与 2G/3G 模式之间没有任何互操作,终端不需要实现异系统测量,技术实现相对简单。但是对于终端,要确认 LTE 模式下,不执行 LTE 和 2G/3G 网络的联合位置更新,并且分组域只能存在一个附着,防止乒乓效应。

多模双待语音解决方案的实质是使用传统 2G/3G 网络,与 LTE 无关。对网络没有任何要求,LTE 网络和传统的 2G/3G 网络之间也不需要支持任何互操作。无 TD-LTE 覆盖时,终端回退到单待模式。

中国电信主推的"单射频 LTE(Single Radio LTE,SRLTE)+VoLTE"的终端形态,即为这种方式。

(2) CSFB

3GPP TS 23.272 V8.5.0 提供了一种电路域回落的机制,保证用户同时注册在演进分组系统(Evolved Packet System,EPS)网络和传统的电路域网络,在用户发起语音业务时,由 EPS 网络指示用户回落到目标电路域网络之后,再发起语音呼叫。该语音解决方案就是 CS-FB。

CSFB 语音方案满足在部署 LTE 初期就提供语音服务但同时又不愿意过早部署 IMS 的运营商的需求。最大化地利用现有 2G/3G 网络的覆盖和业务质量等资源,保护运营商的投资利益最大化。

CSFB 基本原理如下:

① 无业务时,移动管理实体(Mobility Management Entity,MME)通过 SGs 接口(MME 与移动交换中心(Mobile Switching Center,MSC)之间的接口)进行 CS 域移动性管理。

② 存在语音业务时,MME 将 UE 回落到 2G/3G 网络,通过 2G/3G 网络为 UE 提供语音服务。

③ 短消息业务时,MME 通过将短消息信令在 MSC 和 UE 之间转发的方式,实现为 UE 提供短消息业务。

CSFB 操作流程如图 3.3.14 所示。

从 CSFB 的实现方式看,这是一个非常轻载的实现方式,非常适合于 EPC 早期建设阶段。根据 EPC 部署范围小、2G/3G 网络广泛的情况,适合在 EPC 主要提供数据业务的时间段采用,能够充分利用 2G/3G 网络电路域提供语音、短信、定位等成熟的电路业务。在此阶段,将

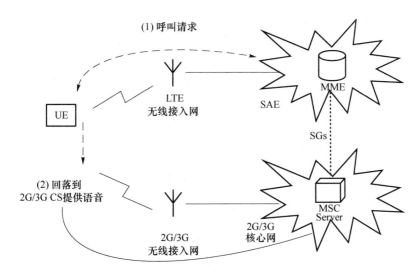

图 3.3.14　CSFB 工作流程示意图

EPC 作为高速数据业务承载与传统电路语音等业务分离管理仅仅是一个短期的过渡方案。随着 EPC 网络的快速建设和基于 IMS 的业务平台部署,很容易更新终端到网络侧的业务能力配置,从而完全过渡到使用 EPC 网络的能力。

CSFB 方案主要具备以下优势:
- EPC 网络只对电路域业务提供终端连接状态管理、业务寻呼和终端网络切换控制,对 EPC 网络实体的功能影响较小;
- 实际业务的建立和传输发生在原有的电路域网络连接状态下,对 EPC 网络的资源占用较少;
- 该方案中,对于除短信以外的电路域业务处理流程相对统一,降低了网络实体和终端实现的难度;
- 该方案提供了基于 TD-SCDMA/WCDMA 网络和 CDMA2000 网络演进过程中的电路域共存方案,适用于不同网络基础的运营商向 EPC 平滑地过渡;
- 与 EPC IMS 业务的共存可通过 MME 能力配置简单的实现,也能够通过该方式实现对 EPC 全业务的快速过渡。

CSFB 方案的主要劣势如下:
- 相关标准并不完善,如呼叫建立过程中的时延要求并未明确标明;
- 需要对 MSC 升级;
- 在语音呼叫阶段不能使用 LTE 网络。

中国移动和中国联通选择了 CSFB 方案。

（3）SR-VCC

LTE 网络是全 IP 网络,没有 CS 域,数据业务和语音多媒体业务都承载在 LTE 上。由于 EPC 网络不具备语音和多媒体业务的呼叫控制功能,因此需通过 IMS 网络来提供多媒体通信业务的控制功能。在 LTE 全覆盖之前,IMS 提供统一控制,实现 LTE 与 CS 之间的语音业务连续性,这样组成的网络架构称为基于 IMS 的 VoLTE 方案,成为 LTE 语音解决的最终目标方案。

SR-VCC 是指在终端同时接收一路信号时,UE 在支持 VoIP 业务的网络之间移动,如何保持语音业务的连续性,即 VoIP 语音业务与 CS 域之间的平滑切换技术。

SR-VCC 的基本工作原理为:话音业务在 LTE 覆盖范围内采用 VoLTE,在呼叫过程中移动出 LTE 覆盖范围时同 MSC 进行切换以支持话音业务连续性。为实现该技术,网络结构上需要做以下调整:在 MSC Server 和 MME 之间定义 Sv 接口,提供异构网络间接入层切换控制;通过设置互通功能(InterWorking Function,IWF)网元,终结 Sv 接口,避免对原有电路域设备的改造;IMS 网络作为会话锚定点,统一进行会话层切换,保证会话跨网切换的连续性。支持 SR-VCC 的 LTE 网络结构如图 3.3.15 所示。

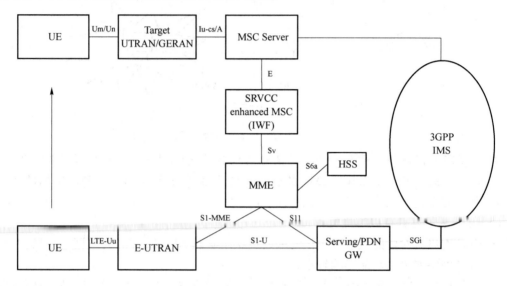

图 3.3.15　SR-VCC 逻辑连接图

三类方案优劣势总结如下:

① 多模双待方案在业务体验、网络改造和实施方面优势明显,可部署时间相对较早。但终端实现较为复杂,需借鉴业界已有成熟的双待机研发经验。

② CSFB 在终端实现、产业支持和国际化程度方面占有较大优势,但其对网络改造要求较高,业务体验较差,在商用时还需较长时间深入优化网络参数配置,以保证业务质量。

③ SR-VCC 对 LTE 网络覆盖要求高,且对网络存在一定改造要求。

部署 LTE 网络初期,LTE 网络规模、覆盖连续性不足以支撑所有的 4G 用户业务需求,语音业务建议仍然由 2G/3G 网络承载,采用单射频(Single Radio)终端以控制终端成本,降低用户使用 LTE 网络的门槛,LTE 网络和 2G/3G 网络之间提供增强的 CSFB 方案保证语音业务的优先。在 VoIP 成熟的情况下,可以考虑提供 VoIP 业务,网络需要 SR-VCC 这样的解决方案以保证语音业务的连续性,为 LTE 网络提供覆盖补充。

习题与思考

1. 简述频率复用的概念。
2. 简述区群大小、同频干扰、容量之间的关系。
3. 简述移动通信系统移动性管理包括哪几方面的内容。

4．简述移动通信系统鉴权和加密的作用。

5．画出 GSM 系统的网络结构，并简述各功能实体的作用。

6．简述 RAKE 接收的基本原理。

7．比较 3G 三种主流技术的主要性能。

8．画出 LTE 系统的网络结构，并简述各功能实体的作用。

9．比较 LTE 的两种制式的主要特点。

10．简述 LTE 系统建设初期的三种语音方案。

项目四　5G 移动通信关键技术

【项目说明】分析 5G 发展需求和愿景,论述支撑愿景实现、满足需求的无线关键技术和组网关键技术。

【项目内容】

- 5G 的发展需求和发展愿景
- 5G 无线关键技术
- 5G 组网关键技术

【知识目标】

- 理解 5G 发展需求;
- 理解 5G 总体愿景和宏观愿景;
- 掌握 5G 无线关键技术;
- 掌握 5G 组网关键技术。

任务一　5G 的发展需求和发展愿景

4.1.1　5G 的发展需求

中国信息通信研究院研究数据表明,到 2025 年,5G 将带来 35.4 万亿元的经济总产出,将成为国民经济各行业数字化转型的关键使能器;5G 与云计算、大数据、人工智能等技术深度融合,将支撑传统产业研发设计、生产制造、管理服务等生产流程的全面深刻变革,助力传统产业优化结构、提质增效。5G 的发展不仅是业务和用户的需求,也是移动通信网络本身发展和效率提升的需求。

5G 的发展需求

1. 5G 业务和用户需求

移动互联网主要面向以人为主体的通信,注重提供更好的用户体验。面向 2020 年及未来,超高清、3D 和浸入式视频的流行将会驱动数据速率大幅提升,例如 8K(3D)视频经过百倍压缩之后传输速率仍需要大约 1 Gbit/s。增强现实、云桌面、在线游戏等业务不仅对上下行数据传输速率提出挑战,同时也对时延提出了"无感知"的苛刻要求。

未来大量的个人和办公数据将会存储在云端,海量实时的数据交互需要可媲美光纤的传输速率,并且会在热点区域对移动通信网络造成流量压力。社交网络等 OTT(Over-The-Top)业务将会成为未来主导应用之一,小数据包频发将造成信令资源的大量消耗。人们对各种应用场景下的通信体验要求越来越高,用户希望能在体育场、露天集会、演唱会等超密集场景,高铁、车载、地铁等高速移动环境下也能获得一致的业务体验。

未来的移动物联网需要用移动网络承载。移动物联网主要面向物与物、人与物的通信,不仅涉及普通个人用户,也涵盖了大量不同类型的行业用户。移动物联网业务类型非常丰富多样,业务特征也差异巨大。智能家居、智能电网、环境监测、智能农业和智能抄表等业务需要网络支持海量设备连接和大量小数据包频发;视频监控和移动医疗等业务对传输速率提出了很高的要求;车联网和工业控制等业务则要求毫秒级的时延和接近100%的可靠性。

另外,大量物联网设备会部署在山区、森林、水域等偏远地区以及室内角落、地下室、隧道等信号难以到达的区域,因此要求移动通信网络的覆盖能力进一步增强。为了渗透到更多的物联网业务中,5G应具备更强的灵活性和可扩展性,以适应海量的设备连接和多样化的用户需求。

无论是对于移动互联网还是物联网,用户在不断追求高质量业务体验的同时也在期望成本的下降。同时,5G需要提供更高和更多层次的安全机制,不仅能够满足互联网金融、安防监控、安全驾驶、移动医疗等的极高安全要求,也能够为大量低成本物联网业务提供安全解决方案。

此外,5G应能够支持更低功耗,以实现更加绿色环保的移动通信网络,并大幅提升终端(尤其对于物联网设备)电池的续航时间。

2. 发展和效率需求

目前的移动通信网络在应对移动互联网和物联网爆发式发展时,可能会面临以下问题:

- 能耗、每比特综合成本、部署和维护的复杂度使得网络难以高效应对未来千倍业务流量增长和海量设备连接。
- 多制式网络共存造成了复杂度的增长和用户体验下降;现有网络在精确监控网络资源和有效感知业务特性方面的能力不足,无法智能地满足未来用户和业务需求多样化的趋势。
- 无线频谱从低频到高频跨度很大,且分布碎片化,干扰复杂。

应对这些问题,需要从如下两方面提升5G系统能力,以实现可持续发展。

在网络建设和部署方面:

(1)5G需要提供更高网络容量和更好覆盖,同时降低网络部署,尤其是超密集网络部署的复杂度和成本;

(2)5G需要具备灵活可扩展的网络架构以适应用户和业务的多样化需求;

(3)5G需要灵活高效地利用各类频谱,包括对称和非对称频段、重用频谱和新频谱、低频段和高频段、授权和非授权频段等;

(4)5G需要具备更强的设备连接能力来应对海量物联网设备的接入。

在运营维护方面:

(1)5G需要改善网络能效和比特运维成本,以应对未来数据迅猛增长和各类业务应用的多样化需求;

(2)5G需要降低多制式共存、网络升级以及新功能引入等带来的复杂度,以提升用户体验;

(3)5G需要支持网络对用户行为和业务内容的智能感知并作出智能优化;

(4)5G需要能提供多样化的网络安全解决方案,以满足各类移动互联网和物联网设备及业务的需求。

4.1.2　5G 的发展愿景

5G 的发展愿景

5G 伴随移动互联网和物联网的需求应运而生，人们希望通过 5G 技术来满足对更好性能移动通信的追求和向往。IMT-2020（5G）推进组在《5G 愿景与需求》白皮书中描绘了 5G 的总体愿景和宏观愿景，希望最终实现"信息随心至，万物触手及"的美好未来。

1. 5G 总体愿景

移动通信已经深刻地改变了人们的生活，但人们对更高性能移动通信的追求从未停止。5G 的产生即是为了应对未来爆炸性的移动数据流量增长、海量的设备连接、不断涌现的各类新业务和应用场景。5G 将渗透到未来社会的各个领域，以用户为中心构建全方位的信息生态系统；5G 将使信息突破时空限制，提供极佳的交互体验，为用户带来身临其境的信息盛宴；5G 将拉近万物的距离，通过无缝融合的方式，便捷地实现人与万物的智能互联。

5G 将为用户提供光纤般的接入速率，"零"时延的使用体验，千亿设备的连接能力，超高流量密度、超高连接数密度和超高移动性等多场景的一致服务，业务及用户感知的智能优化，同时将为网络带来超百倍的能效提升和超百倍的比特成本降低，最终实现"信息随心至，万物触手及"的总体愿景（图 4.1.1）。

图 4.1.1　5G 总体愿景

2. 5G 的宏观愿景

根据无线移动通信系统在人类社会将发挥更加重要的作用，5G 在社会职责和贡献方面的宏观愿景可以总结为如下 4 个方面。

（1）人类社会生态的无线信息流通系统

5G 技术将在未来社会的各方面发挥重要作用，包括应对气候变暖、减少数字鸿沟、降低环境污染等，同时也将在公共安全、医疗卫生、现代教育、智能交通、智能电网、智慧城市、现代物流、现代农业、现代金融等领域发挥重要作用。

5G 带动的智能终端和移动互联网应用,以及未来个人视听消费电子与 5G 的结合,将对游戏娱乐、媒体和出版、报纸杂志业以及广告业产生重要影响。基于有线和无线网络的电子商务和互联网金融,将对零售业和金融业产生重大影响。

（2）连接世界的无线通道

未来 5G 将打破传统的人与人通信,成为连接世界万物的通道,将世界变成一个泛在连接的智能高效社会。移动通信技术可以作为人的感官的延伸,扩展人的听觉、视觉到达世界的任何角落,使每个人可以与世界上所有的人和物建立直接的联系。

物联网或者器件连接为未来信息社会最重要的特征,5G 技术由于其优越的系统性能、便捷的连接方式、巨大的规模效应等诸多优势,必将在物联社会中发挥最重要的作用。

（3）人们生活的信息中心

手机从诞生以来,最重要的功能是人与人的基本沟通功能。未来手机对个人而言,其功能和形态将极大地拓展:休闲、娱乐、办公、旅游、购物、支付、银行、医疗、健康、出行、智能家居控制等个人生活的方方面面,都需要手机/平板计算机/可穿戴设备等各种形态的移动终端。移动终端甚至包含了个人的信用身份等重要信息。

移动终端将成为人们生活的信息中心,而 5G 技术需要为这些功能提供便利、可靠、安全的通信保证。

（4）保证通信权利的基础设施

随着移动通信技术的快速发展以及规模效应,通信对人类社会的重要性和价值将超越通信本身,为了保证社会的正常高效运转,未来移动通信将不再是其刚诞生时的一种奢侈的服务。类似水电供应设施,移动通信网络和设备将成为人类生活的基础设施,提供基础性的服务。未来 5G 通信系统将超过现有的紧急通信范围,发挥其社会责任,提供更多的基本通信服务保证。当然,移动通信作为商业运营系统,必不可少地提供更多丰富多彩的高附加值业务,这也是促使技术进步的重要动力。

任务二　5G 无线关键技术

4.2.1　大规模 MIMO

大规模 MIMO

大规模天线阵列（Massive MIMO）是 5G 中提高系统容量和频谱利用率的关键技术,它最早由美国贝尔实验室的研究人员提出。研究发现,当小区的基站天线数目趋于无穷时,加性高斯白噪声和瑞利衰落等负面影响全都可以忽略不计,数据传输速率能得到极大提高。大规模天线阵列技术是以多入多出（Multiple Input Multiple output,MIMO）技术为基础的,MIMO 技术为 4G 网络的核心技术。根据 5G 的性能要求,数据用户数以及每用户速率需求将显著增加,基站使用几十甚至上百根天线组成超大规模阵列,进一步扩展了对空间域的需求。

1. MIMO 技术

MIMO 是指在发送端有多根天线,接收端也有多根天线的通信系统。一般将在发射端和接收端中的某一端拥有多天线的多入单出（Multiple Input Single Output,MISO）、单入多出

(Single Input Multiple Output,SIMO)也看作是 MIMO 的一种特殊情况。

图 4.2.1 给出了四种基本的无线信号发射-接收模型,每个箭头表示两根天线之间所有信号路径的组合,包括至少应存在一条的直接视线(Line of Sight,LOS,又称视距)路径,以及可能由于周围环境的反射、散射和折射而产生的大量多径信号。后三种是通常称为的多天线技术。

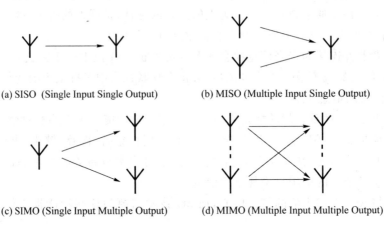

(a) SISO (Single Input Single Output)　　　(b) MISO (Multiple Input Single Output)

(c) SIMO (Single Input Multiple Output)　　　(d) MIMO (Multiple Input Multiple Output)

图 4.2.1　基本的无线信号发射-接收模型

MIMO 通常指两个或多个发射天线和两个或多个接收天线的模式。该模式并非 MISO 和 SIMO 的简单叠加,因为多个数据流在相同频率和时间被同时发射,所以充分利用了无线信道内不同路径的优势。MIMO 系统内的接收器数必须不少于被发射的数据流数。

MIMO 技术利用空间信道的分集技术,在发射端和接收端设置多个天线,通过空时处理技术对无线信号进行处理以获取分集增益或复用增益,从而提高无线系统传输的可靠性和频谱利用率,改善通话质量。

(1)空间分集

空间分集主要是利用空间信道的弱相关性,结合时间或频率上的选择性,为信号的传递提供更多副本,在不同的空间信道传输相同的数据流,提高信号传输的可靠性,从而改善接收信号的信噪比。

在低速移动通信的场景中,多径效应与时变性可导致信号相位叠加后畸变失真,从而使得接收端无法正确解调信号。应用空间分集技术可以为接收机提供其他衰减程度较小的信号副本,其基本原理是将接收端多个不相关的信号按一定规则合并起来,使得组合后能还原信号本身。

空间分集技术可以分为发射分集和接收分集两种。发射分集就是在发射端使用多个发射天线发射相同的信息,接收端获得比单天线高的信噪比。接收分集则是多个天线接收来自多个信道的承载同一信息的多个独立的信号副本,由于信号不可能同时处于深衰落情况中,因此在任一给定的时刻至少可以保证有一个强度足够大的信号副本提供给接收机使用。

(2)空间复用

空间复用是利用空间信道弱相关性,在多个相互独立的空间信道上传输不同的数据流,从而提高数据传输的峰值速率。

空间复用基于多码字的同时传输,即多个相互独立的数据流映射到不同的层;对于来自上层的数据,进行信道编码,形成码字;然后对不同的码字进行调制,产生调制符号,再将这些调制信号组合在一起进行层映射;最后对经过层映射后的数据进行预编码,映射到天线端口上发送。在不增加系统带宽的前提下,空间复用技术可以成倍地提高系统的传输速率。

MIMO技术充分利用了空间资源,在不增加频谱资源和天线发射功率的情况下,可以成倍地提高系统信道容量。

2. 大规模天线(Massive MIMO)技术

大规模天线(Massive MIMO)又称为 Large Scale MIMO。Massive MIMO 天线阵子的逻辑映射如图4.2.2所示。

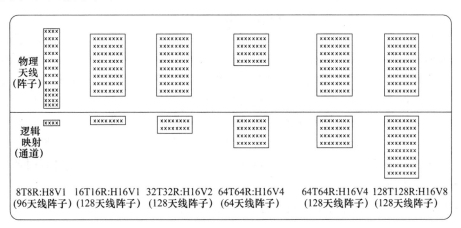

图4.2.2　Massive MIMO天线阵子的逻辑映射

天线阵子数是影响 Massive MIMO 性能的关键,阵子数越多,波束越窄,能力就越集中。在大规模 MIMO 系统中,基站配置大量的天线,通常有几十、几百甚至几千根,高于现有 MIMO 系统天线数目的 1~2 个数量级以上,而基站所服务的用户设备(User Equipment,UE)数目远少于基站天线数目;基站利用同一个时频资源同时服务若干个 UE,充分发掘系统的空间自由度,从而增强了基站同时接收和发送多路不同信号的能力,大大提高了频谱利用率、数据传输的稳定性和可靠性。

传统的 MIMO 又称为 2D-MIMO,以 8 天线为例,实际信号在做覆盖时,天线覆盖方向只能在水平方向移动,垂直方向是固定不动的,信号类似一个平面发射出去,而 Massive MIMO 是在信号水平维度空间基础上引入垂直维度的空域进行利用,信号的辐射形状是个立体电磁波束。所以,Massive MIMO 也称为 3D-MIMO。

图4.2.3所示为 5G 中常见的 Massive MIMO。

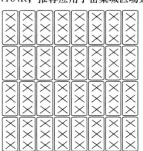

图4.2.3　5G中常见的 Massive MIMO

与传统的 MIMO 相比,Massive MIMO 的不同之处主要在于:

- 天线趋于很多(无穷)时,信道之间趋于正交。
- 系统的很多性能都只与大尺度相关,与小尺度无关。
- 基站几百根天线的导频设计需要耗费大量时频资源,所以不能采用基于导频的信道估计方式。
- TDD 模式可以利用信道的互易性进行信道估计,不需要导频进行信道估计。

在继承传统的 MIMO 技术的基础上,利用空间分集技术的 Massive MIMO 在能量效率、安全、系统稳健性以及频谱利用率上都有显著的提升。

MIMO 信道可以等效为多个并行的子信道,系统容量与各个子信道的特征值有关。如果发射机能提前通过某种方式获得一定的信道状态信息(Channel State Information,CSI),就可以通过一定的预处理方式对各个数据流的功率/速率乃至发射方向进行优化,并有可能通过预处理在发射机预先消除数据流之间的部分或全部干扰,以获得更好的性能,这就是所谓的预编码技术。

在预编码系统中,发射机可以根据信道条件,对发送信号的空间特性进行优化,使发送信号的空间分布特性与信道条件相匹配,以降低对算法的依赖程度,获得较好的性能。预编码可以采用线性或非线性方法,目前无线通信系统中只考虑线性方式,线性方式处理时所采用的矩阵被称为预编码矩阵。

大规模天线阵列技术的常用预编码方案包括全数字预编码方案、全模拟预编码方案和混合预编码方案三种。

全数字预编码方案是对多用户干扰进行控制,如全数字迫零(Zero Force,ZF)和全数字匹配滤波(Matched Filter,MF)。当信道衰落服从独立同分布时,全数字匹配滤波预编码方案可以最低的计算复杂度获得最佳的性能。但是该方案要求射频链路数等于发射天线数,也就意味着基站需要配有成百上千的射频链路。这样的要求在实际工程中会导致成本太高,能耗太高。

相对而言,全模拟预编码方案射频链路数等于独立数据流数,容易在实际场景中实现,但是由于该方案存在旁瓣干扰,性能较差。

混合预编码方案为全数字预编码方案和全模拟预编码方案的折中方案,也是目前业界研究的热点。混合预编码方案由数字预编码和模拟预编码两部分组成,如图 4.2.4 所示,其所需的射频链路数大于或等于独立数据流数,但小于或等于独立数据流数的 2 倍,能逼近全数字预编码方案的性能。

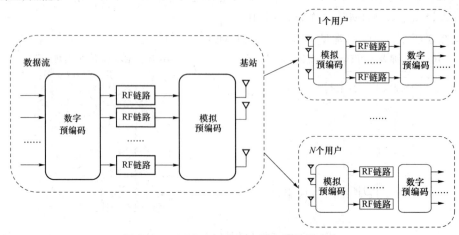

图 4.2.4　Massive MIMO 混合预编码方案

4.2.2　新型多址技术

新型多址技术

为了使空中接口的无线信道具有足够的信息传输承载能力,5G必须在频域、时域和空域等已用信号承载资源的基础上,开辟或叠用其他资源。高效空口多址接入技术通过开发功率域、码域等用户信息承载资源的方法,极大地拓展了无线传输带宽。目前主流的几种新型多址技术包括华为公司提出的稀疏码多址接入(Sparse Code Multiple Access,SCMA)、大唐公司提出的图样分割多址接入(Pattern Division Multiple Access,PDMA)、中兴公司提出的多用户共享接入(Multi User Shared Access,MUSA)。R15版本物理层仍然采用了LTE系统使用的正交频分多址接入(Orthogonal Frequency Division Multiple Access,OFDMA)

1. 正交频分多址接入(OFDMA)

OFDMA的技术基础是正交频分复用技术(Orthogonal Frequency Division Multiple,OFDM),LTE系统已经采用OFDM技术作为其多址接入技术。OFDMA一个传输符号包括N个正交的子载波,实际传输中,这N个正交的子载波是以并行方式进行传输的,真正体现了多载波的概念。

从频域上看,如图4.2.5所示,多载波传输将整个频带分割成许多子载波,将频率选择性衰落信道转化为若干平坦衰落子信道,从而能够有效地抵抗无线移动环境中的频率选择性衰落。由于子载波重叠占用频谱,OFDMA能够提供较高的频谱利用效率和较高的信息传输速率。通过给不同的用户分配不同的子载波,OFDMA提供了天然的多址方式,并且由于占用不同的子载波,用户间相互正交,没有小区内干扰。

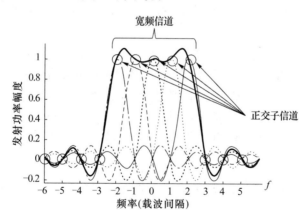

图4.2.5　OFDM频域波形示意图

从时域上看,如图4.2.6所示,多载波传输技术通过把高速的串行数据流变成几个低速并行的数据流,同时去调制几个载波,这样在每个载波上的符号宽度增加,由于信道时延扩展引起ISI减小,同时由衰落或干扰引起接收端的错误得以分散。

OFDM将串行数据并行地调制在多个正交的子载波上,这样可以降低每个子载波的码元速率,增大码元的符号周期,提高系统的抗衰落和干扰能力,同时由于每个子载波的正交性,大大提高了频谱的利用率,所以非常适合移动场合中的高速传输。OFDM的调制和解调是分别基于快速傅里叶反变换(Inverse Fast Fourier Transform,IFFT)和快速傅里叶变换(Fast

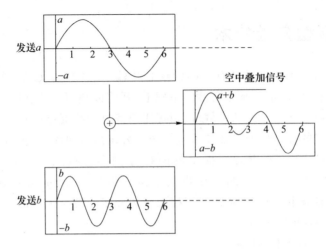

图 4.2.6　OFDM 时域波形示意图

Fourier Transform,FFT)来实现的。

在实际使用时,在 OFDM 符号送入信道之前,首先要加入与符号尾部信号相同的信号,即循环前缀(Cyclic Prefix, CP),然后进入信道进行传送,即所谓的 CP-OFDM。CP 前缀使一个符号周期内因多径产生的波形为完整的正弦波。

在接收端,首先将接收符号开始的宽度为 T_g 的部分去异,然后将剩余的宽度为 T 的部分进行傅里叶变换,再进行解调。在 OFDM 符号内加入循环前缀可以保证在一个 FFT 周期内,OFDM 符号的时延副本内所包含的波形周期个数也是整数,这样时延小于保护间隔 T_g 的时延信号就不会在解调过程中产生信道间干扰 ICI。即 OFDM 采用循环前缀做保护间隔,可以消除由于多径造成的时域符号间干扰(Inter Symbol Interference,ISI)和频域载频间干扰(Inter Carrier Interference,ICI)。

一个完整 OFDM 系统的实现原理如图 4.2.7 所示。源信号在进行信道编码、交织后,插入 CP,采用 OFDM 调制技术进行多载波调制,已经过调制的复合信号经过串/并变换后,进行 IFFT 和并/串变换,然后插入保护间隔,再经过数/模变换后形成 OFDM 调制后的信号 $s(t)$,经由天线发射出去。该信号经过信道后,接收到的信号 $r(t)$ 经过模/数变换,去掉保护间隔,以恢复子载波之间的正交性,经过串/并变换和 FFT 后,恢复出 OFDM 的调制信号,再经过并/串变换后还原出输入符号。

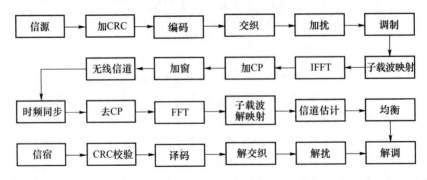

图 4.2.7　OFDMA 系统原理基本框图

5G 的 OFDM 技术通过优化滤波器、数字预失真(Digital Pre-Distortion,DPD)、射频等信

道处理,让基站在保证相邻频道泄漏比(Adjacent Channel Leakage Ratio,ACLR)、阻塞等射频协议指标时,可有效提高系统带宽的频谱利用率及峰值吞吐量。

2. 稀疏码多址接入(SCMA)

SCMA 是码域非正交多址接入技术。发送端将来自一个或多个用户的多个数据层,通过码域扩频和非正交叠加在同一时频资源单元中发送;接收端通过线性解扩和串行干扰消除(Serial Interference Cancellation,SIC)分离出同一时频资源单元中的多个数据层。SCMA 采用低密扩频码,由于低密扩频码中有部分零元素,码字结构具有明显的稀疏性,这也是 SCMA 技术命名的由来。这种稀疏特性的优点是可以使接收端采用复杂度较低的消息传递算法和多用户联合迭代法,从而实现近似多用户最大似然解码。

SCMA 主要包括低密度扩频和自适应正交频分多址(Filtered OFDM,F-OFDM)两项重要技术。

低密度扩频是指频域各子载波通过码域的稀疏编码方式扩频,使其可以同频承载多个用户信号。由于各子载波间满足正交条件,所以不会产生子载波间干扰,又因为每个子载波扩频用的稀疏码本的码字稀疏,不易产生冲突,同频资源上的用户信号也很难相互干扰。

F-OFDM 是指承载用户信号的资源单元的子载波带宽和 OFDM 符号时长,可以根据业务和系统的要求自适应改变,系统可以根据用户业务的需求,专门开辟带宽或时长以满足通信要求的资源承载区域,从而满足 5G 业务多样性和灵活性的空口要求。

假设 SCMA 系统在频域有 4 个子载波,每个子载波扩频用的稀疏码字实际上跨越了 6 个扩频码的区域,但每个子载波上只承载了 3 个由稀疏扩频码区分的用户信号,即 3 个稀疏扩频码占用了 6 个密集扩频码的位置。如图 4.2.8 所示,其中灰色格子表示有稀疏扩频码作用的子载波,白色格子表示没有稀疏扩频码作用的子载波,由于 3 个稀疏码字是在 6 个密集码字中选择的,这 3 个码字的相关性极小,而由这 3 个码字扩频的同频子载波承载的 3 个用户信号之间的干扰同样也很小,所以 SCMA 技术具有很强的抗同频干扰性。当然,系统是了解这个稀疏码本的,因而完全可以在同频用户信号非正交的情况下,把不同用户信号解调出来。系统还可通过调整码本的稀疏度来改变频谱效率。

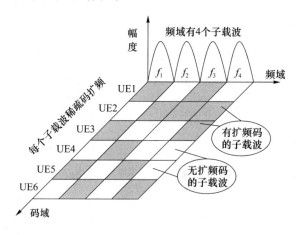

图 4.2.8 低密度子载波扩频示意图

车联网和物联网业务将是 5G 系统最重要的业务。车联网业务要求端到端的时延在 1 ms 左右,该性能要求时域的符号时长很小;车联网业务的控制信息丰富,该性能要求频域的子载波带宽较大。而在物联网业务中,一方面要求系统整体连接的传感器数量较多,另一方面又要求传感器传送的数据量较少,这说明既需要在频域上配置带宽较小的子载波,又需要在时域上配置时长足够大的符号。

不同的业务需求说明 5G 系统在时域和频域的承载资源单元上,需要根据接入网络的不同而变化。F-OFDM 可为 5G 实现频域和时域的资源灵活复用,可以灵活调整频域中的保护带宽和时域中的循环前缀,甚至可以达到最小值,既可提高多址接入效率,又可满足各种业务空口接入要求。

3. 图样分割多址接入(PDMA)

PDMA 是一种可以在功率域、码域、空域、频域和时域同时或选择性应用的非正交多址接入技术。PDMA 可以在时频资源单元的基础上叠加不同信号功率的用户信号,比如叠加分配在不同天线端口号和扩频码上的用户信号,并能将这些承载着不同用户信号或同一用户的不同信号的资源单元用特征图样统一表述,显然这样等效处理将是一个复杂的过程。

由于基站是通过图样叠加方式将多用户信号叠加在一起,并通过天线发送到终端,这些叠加在一起的图样既有功率的、天线端口号的,也有扩频码的,甚至某个用户的所有信号中叠加的图样可能是功率的、天线的和扩频码的共同组合的资源承载体,所以终端 SIC 接收机中的图样检测系统要复杂一些。

图 4.2.9 为 PDMA 下行链路工作原理的基本流程和特征图样的结构模式,当不同用户信号或同一用户的不同信号进入 PDMA 通信系统后,PDMA 就将其分解为特定的图样映射、图样叠加和图样检测 3 大模块来处理。

(1)图样映射:发送端首先对系统送来的多个用户信号采用按照功率域、空域或码域等方式组合的并且易于 SIC 接收机接收的特征图样进行区分,完成多用户信号与无线承载资源的图样映射。

(2)图样叠加:基站根据小区内通信用户的特点,采用最佳方法完成对不同用户信号图样的叠加,并从天线发送出去。

(3)图样检测:终端接收到这些与自己关联的特征图样后,根据 SIC 算法对这些信号图样进行检测,解调出不同的用户信号。

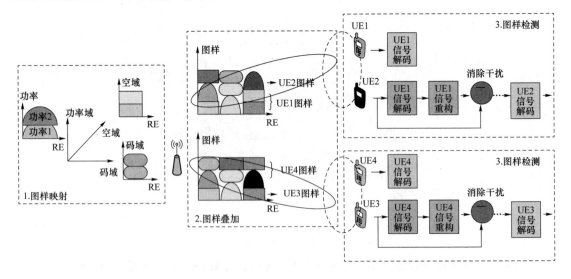

图 4.2.9　PDMA 下行链路工作原理

表面上 PDMA 的特征图样是用户信号承载资源的一个统一单位,但本质上这些可以承载用户信号的特征图样却有可能是功率域、空域或码域等基本参量的集合,要想统一管理这些不同参量,必须对它们定义一个统一参数"图样",以方便 PDMA 系统参考。

由于承载用户信号的图样之间没有正交性要求,所以 PDMA 的接收端必须使用 SIC 接收机。显然,只要 PDMA 能够简单快捷地换算出功率域、空域和码域与图样之间的关系,系统研究的就只是在相同的时频资源单元叠加和区分不同的图样的问题了,原理与非正交多址接入(Non-Orthogonal Multiple Access,NOMA)基本一样,硬件结构难度并非十分复杂。由于 PDMA 系统中的图样包括 3 个物理量,理论上 PDMA 的频谱利率和多址容量可以做到 NOMA 的 3 倍以上。

PDMA 支持所有信息承载资源的能力使其具有超强的频谱资源利用率,这是其他技术不可比拟的优势。

4. 多用户共享接入(MUSA)

MUSA 是典型的码域非正交多址接入技术。相比 NOMA,MUSA 的技术性更高,编码更复杂。不同于 NOMA 技术,MUSA 技术主要应用于上行链路。

在上行链路中,MUSA 技术充分利用终端用户因距基站远近不同而引起的发射功率的差异,在发射端使用非正交复数扩频序列编码对用户信息进行调制,在接收端使用串行干扰消除算法的 SIC 技术滤除干扰,恢复每个用户的通信信息。在 MUSA 技术中,多用户可以共享复用相同的时域、频域和空域,在每个时域、频域资源单元上,MUSA 通过对用户信息扩频编码,可以显著提升系统的资源复用能力。理论表明,MUSA 算法可以将无线接入网络的过载能力提升 300% 以上,可以更好地服务 5G 时代的万物互联。

终端中 MUSA 为每个用户分配一个码序列,将用户数据调制符号与对应的码序列通过相关算法形成可以发送的新的用户信号,然后再由系统将用户信号分配到同一时域、频域资源单元上,通过天线空中信道发送出去,这中间将受到信道响应和噪声影响,最后由基站天线接收到包括用户信号、信道响应和噪声在内的接收信号。

在接收端,MUSA 先是将所有收到的信号根据相关技术按时域、频域和空域分类,然后将同一时域、频域和空域的所有用户按 SIC 技术分开,由于这些信号存在同频同时用户间干扰,所以系统必须根据信道响应和各用户对应的扩展序列,才能从同频同时同空域中分离出所有用户信号。

如图 4.2.10 所示,设在基站同一小区,同一时域、频域和空域上有 3 个用户调制符号:用户 1 为"1010",用户 2 为"1011",用户 3 为"1001"。基站根据小区用户登录信息,首先为在相同资源单元上的每个用户设置一个码序列:用户 1 为"100",用户 2 为"110",用户 3 为"111"。若 MUSA 对终端用户调制符号与用户码序列的算法定义为"每个用户调制符号位都与对应用户码序列异或操作",则操作后新生的用户发送信号为:用户 1 是"101100101100",用户 2 是"111110111111",用户 3 是"110111111110"。这 3 个用户发送信号经过各自的信道响应 h_1、h_2 和 h_3 及噪声影响后,被基站天线接收,并送到 SIC 接收机,SIC 再根据 3 个用户各自的信道估计和码序列分别解调出它们的调制符号。

MUSA 技术为每个用户分配的不同码序列对正交性没有要求,本质上起到了扩频效果,所以 MUSA 实际上是一种扩频技术,如上例中每比特信号扩频成 3 个比特的信号。

MUSA 技术既能保证有较大的系统容量,又能保证各用户的均衡性,可以让系统在同一时频资源上支持数倍于用户数量的高可靠接入量,以简化海量接入中的资源调度,缩短海量接入的时间。MUSA 技术具有实现难度较低、系统复杂度可控、支持大量用户接入、原则上不需同步和提升终端电池寿命等 5G 系统需求的特点,非常适合物联网应用。

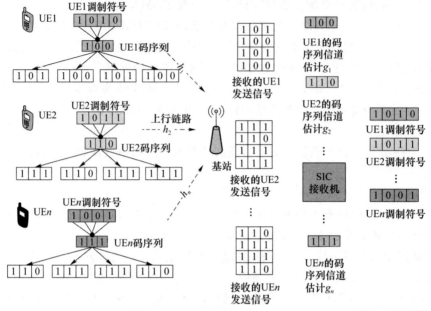

图 4.2.10　MUSA 系统上行链路收发端的信号处理流程

4.2.3　先进编码技术

先进编码技术

数字信号在传输中往往由于各种原因,传送的数据流产生误码,从而使接收端产生图像跳跃、不连续、马赛克等现象。信道编码通过对数码流进行相应的处理,使系统具有一定的纠错能力和抗干扰能力,可极大地避免码流传送中误码的发生。常见的误码处理技术有纠错、交织、线性内插等。

提高数据传输效率,降低误码率是信道编码的任务。信道编码的本质是增加通信的可靠性。信道编码的过程是在源数据码流中加插一些码元,从而达到在接收端进行判错和纠错的目的,因此信道编码会使有用的信息数据传输减少。在带宽固定的信道中,总的传送码率是固定的,由于信道编码增加了数据量,其结果只能是以降低传送有用信息码率为代价。将有用比特数除以总比特数就等于编码效率,不同的编码方式,其编码效率有所不同。

5G 业务需求的多样性及各类业务场景的典型特性使得其对于信道性能和效率要求不同。5G 三大典型应用场景对 5G 空中接口信道编码的关键要求如表 4.2.1 所示。

表 4.2.1　5G 空中接口信道编码关键要求

应用场景	eMBB	mMTC	uRLLC
性能要求	高吞吐量下具有好的错误性能	低吞吐量下具有好的错误性能	低/中吞吐量下具有非常好的错误性能
效率要求	高能量效率及高芯片效率	高能量效率	非常低的错误平层(Error Floor)
时延要求	低编码/译码时延	—	低编码/译码时延

根据这些要求,5G 无线接入网设计了更加先进高效的信道编码方案,以尽可能小的业务开销实现信息快速可靠传输。

根据 3GPP 38.212 物理层复用与信道编码,5G 的传输信道和控制信息的编码方案如表 4.2.2 和表 4.2.3 所示。

表 4.2.2　TrCH 的信道编码方案

传输信道	编码方案
UL-SCH(上行同步信道)	LDPC 码
DL-SCH(下行同步信道)	
PCH(寻呼信道)	
BCH(广播信道)	Polar 码

表 4.2.3　控制信息的信道编码方案

控制信息	编码方案
DCI(Downlink Control Information,下行控制信息)	Polar 码
UCI(Uplink Control Information,上行控制信息)	分组码
	Polar 码

1. 低密度奇偶校验码

低密度奇偶校验(Low Density Parity Check,LDPC)码是麻省理工学院 Robert Gallager 于 1962 年在博士论文中提出的一种具有稀疏校验矩阵的分组纠错码。几乎适用于所有的信道。它的性能逼近香农极限,且描述和实现简单,易于进行理论分析和研究,译码简单且可实行并行操作,适合硬件实现。

任何一个 (n,k) 分组码,如果其信息元与监督元之间的关系是线性的,即能用一个线性方程来描述的,就称为线性分组码。LDPC 码本质上是一种线性分组码,它通过一个生成矩阵 G 将信息序列映射成发送序列,也就是码字序列。对于生成矩阵 G,完全等效地存在一个奇偶校验矩阵 H,所有的码字序列 C 构成了 H 的零空间(Null Space)。

LDPC 码的奇偶校验矩阵 H 是一个稀疏矩阵,相对于行与列的长度,校验矩阵每行、每列中非零元素的数目(称为行重、列重)非常小,这也是 LDPC 码之所以称为低密度码的原因。由于校验矩阵 H 的稀疏性以及构造时所使用的不同规则,使得不同 LDPC 码的编码二分图(Taner 图)具有不同的闭合环路分布。而二分图中闭合环路是影响 LDPC 码性能的重要因素,它使得 LDPC 码在类似可信度传播算法的一类迭代译码算法下,表现出完全不同的译码性能。

当 H 的行重和列重保持不变或尽可能地保持均匀时,称为正则 LDPC 码;反之如果列重、行重变化差异较大时,称为非正则的 LDPC 码。研究结果表明,正确设计的非正则 LDPC 码的性能要优于正则 LDPC。

如图 4.2.11 所示,LDPC 码编码是在通信系统的发送端进行的,在接收端进行相应的译码,这样才能实现编码的纠错。LDPC 码由于其奇偶校验矩阵的稀疏性,其存在高效的译码算法,复杂度与码长成线性关系,克服了分组码在码长很大时,所面临的巨大译码算法复杂度问题。而且由于校验矩阵稀疏,在长码时,相距很远的信息比特参与统一校验,这使得连续的突发差错对译码的影响不大,编码本身就具有抗突发错误的特性。

LDPC 码的译码算法种类很多,其中大部分可以被归结到信息传递(Message Propagation,MP)算法集中。这一类译码算法具有良好的性能和严格的数学结构,使得译码性能的定量分析成为可能,因此特别受到关注。MP 算法中的置信传播(Belief Propagation,BP)算法是

Gallager 提出的一种软输入迭代译码算法,具有最好的性能。

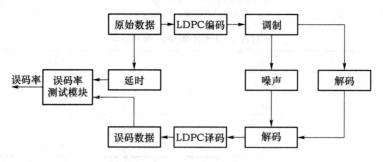

图 4.2.11　LDPC 仿真系统图

LDPC 码具有很好的性能,译码也十分方便,因此被选作 5G 的编码方案之一。

2. Polar 码

Polar 码于 2008 年由土耳其毕尔肯大学 Erdal Arikan 教授首次提出。2016 年 11 月 18 日,在美国内华达州里诺的 3GPP RAN1♯87 次会议上,经过与会公司代表多轮技术讨论,3GPP 最终确定了 eMBB 场景的信道编码技术方案,其中,Polar 码作为控制信道和广播信道的编码方案。

Polar 码是基于信道极化理论的线性信道编码方法,该码字是迄今发现的唯一一类能够达到香农极限的编码方法,并且具有较低的编译码复杂度。Polar 码的核心思想就是信道极化理论,不同的信道对应的极化方法也有区别。

信道极化包括信道组合和信道分裂部分。

(1) 信道组合

信道组合过程是指通过递归算法对 N 个独立二进制离散无记忆信道(Binary Discrete Memoryless Channel,B-DMC)W 进行组合以得到组合信道 $W_N : X^N \rightarrow Y^N (N=2^n, n \geqslant 0)$,其中,$X^N$ 和 Y^N 分别表示信道 W_N 的输入和输出向量集合。当 N 取不同的数值时,信道组合得到不同的结果。

- 当 $N=1$,则 $W_1 = W$,信道不组合;
- 当 $N=2$,则将两个独立二进制离散无记忆信道进行组合得到 $W_2 : X^2 \rightarrow Y^2$。

依此类推,可得信道组合的一般形式,两个独立的信道 $W_{N/2}$ 可通过信道组合转化成信道 $W_N : X^N \rightarrow Y^N (N=2^n, n \geqslant 0)$。组合信道 W_N 的输入向量 $\boldsymbol{u}_1^N$ 到原始信道 W^N 的输入向量 $\boldsymbol{x}_1^N$ 之间的映射关系 $\boldsymbol{u}_1^N \rightarrow \boldsymbol{x}_1^N$ 可表示为 $\boldsymbol{x}_1^N = \boldsymbol{u}_1^N \boldsymbol{G}_N$,其中 $\boldsymbol{G}_N$ 为 N 阶生成矩阵。由此可以得到组合信道 W_N 和原始信道 W^N 的转移概率关系为

$$W^N(y_1^N \mid x_1^N) = W^N(y_1^N \mid \boldsymbol{u}_1^N \boldsymbol{G}_N) \tag{4.2.1}$$

(2) 信道分裂

信道分裂过程是将组合信道 W_N 分裂成 N 个二进制输入比特信道 $W_N^{(i)}$ 的过程。

当 $N=2$ 时,组合信道 W_2 分裂为 $W_2^{(1)}$ 及 $W_2^{(2)}$,即 $(W, W) \rightarrow (W_2^{(1)}, W_2^{(2)})$,对应的转移概率计算式为

$$W_2^{(1)}(y_1^2, u_1) = \sum_{u_2} \frac{1}{2} W_2(y_1^2 \mid u_1^2) = \sum_{u_2} \frac{1}{2} W(y_1 \mid u_1 \oplus u_2) W(y_2 \mid u_2) \tag{4.2.2}$$

$$W_2^{(2)}(y_1^2, u_1 \mid u) = \frac{1}{2} W_2(y_1^2 \mid u_1^2) = \frac{1}{2} W(y_1 \mid u_1 \oplus u_2) W(y_2 \mid u_2) \tag{4.2.3}$$

对于任意组合信道W_N,其分裂后的第i个信道$W_N^{(i)}$对应的转移概率如下所示:

$$W_N^{(i)}(y_1^N, u_1^{i-1} \mid u_i) = \sum_{u_{i+1}^N \in X^{N-1}} \frac{W(y_1^N, u_1^N)}{W(u_i)} = \sum_{u_{i+1}^N \in X^{N-1}} \frac{1}{2^{N-1}} W_N(y_1^N \mid u_1^N) \quad (4.2.4)$$

（3）Polar 码编解码

根据信道极化现象,可将原本相互独立的 N 个原始信道转化为 N 个信道容量不等的比特信道。当 N 趋于无穷大时,则会出现极化现象:一部分信道将趋于无噪信道,另外一部分则趋于全噪信道。无噪信道的传输速率将会达到信道容量 $I(W)$,而全噪信道的传输速率趋于零。

Polar 码正是应用了这种极化现象的特性,利用无噪信道传输用户有用的信息,全噪信道传输约定的信息或者不传信息。

假设 K 个信道的容量趋于 1,$N-K$ 个信道的容量趋于 0,可选择 K 个容量趋近于 1 的信道传输信息比特,选择 $N-K$ 个容量趋近于 0 的信道传输冻结比特,即固定比特,从而实现由 K 个信息比特到 N 个编码比特的一一对应关系,也即实现码率为 K/N 的 Polar 码的编码过程。

Polar 码的具体编码方式可表示为

$$\boldsymbol{X}_1^N = \boldsymbol{u}_1^N \boldsymbol{G}_N \quad (4.2.5)$$

其中,$\boldsymbol{X}_1^N = (X_1, X_2, X_3, \cdots, X_N)$ 为编码比特序列,$\boldsymbol{u}_1^N = (u_1, u_2, u_3, \cdots, u_N)$ 为信息比特序列,$\boldsymbol{G}_N$ 为 N 阶生成矩阵。

将信息序列 $\boldsymbol{u}_1^N$ 编成码字 X_1^N 后经由信道 W^N 传输,接收信号为 y_1^N。

接收端译码的过程就是根据已知的接收信号 y_1^N 得到信息序列 $\boldsymbol{u}_1^N$ 的估计值序列 $\hat{u}_1^N$ 的过程。典型 Polar 码译码算法为连续消除（Successive Cancellation,SC）译码算法,其基本思想是按序号从小到大的顺序依次对信息比特进行基于似然比的硬判决译码。当 Polar 码码长趋于无穷时,由于各个分裂信道接近完全极化,采用 SC 译码算法可确保对每个信息比特实现正确译码,从而可以在理论上使得 Polar 码达到信道的对称容量 $I(W)$。此外,其他高性能的译码算法,如置信传播（BP）译码算法、线性规划（linear Programing,LP）译码算法、串行抵消列表（Successive Cancellation List,SCL）译码算法等也在研究中。

Polar 码构建的关键是编码结构的设计。为提升译码性能、减少译码复杂度及控制信道盲检测的次数,3GPP 建议采用基于循环冗余校验（Cyclic Redundancy Check,CRC)辅助Polar 码的方案进行码构建,具体编码结构为"$J + J' +$ 基本 Polar 码",其中,J 表示 24 位 CRC 比特,主要用于错误检测及辅助译码;J' 表示额外的 CRC/奇偶比特,主要用于辅助译码,针对不同物理信道可采用不同的值。CRC 辅助（CRC Assisted,CA）Polar 码的编码和译码流程如图 4.2.12 所示。

图 4.2.12　CRC 辅助 Polar 码编码和译码流程

4.2.4　全双工通信技术

同频同时全双工技术（Co-time Co-frequency Full Duplex, CCFD)是指设备的发射机和接收机占用相同的频率资源同时进行工作,使得通信双

全双工通信技术

方在上、下行可以在相同时间使用相同的频率,突破了现有的频分双工(FDD)和时分双工(TDD)模式。

传统双工模式主要是 FDD 和 TDD,用以避免发射机信号对接收机信号在频域或时域上的干扰,而同频同时全双工技术采用干扰消除的方法,减少传统双工模式中频率或时隙资源的开销,从而达到提高频谱效率的目的。与现有的 FDD 或 TDD 双工方式相比,同频同时全双工技术能够将无线资源的使用效率提升近一倍,从而显著提高系统吞吐量和容量,因此成为5G 的关键技术之一。

采用同频同时全双工无线系统,所有同频同时发射节点对于非目标接收节点都是干扰源,如图 4.2.13 所示。节点基带信号经射频调制,从发射天线发出,而接收天线正在接收来自期望信源的通信信号。由于节点发射信号和接收信号处在同一频率和同一时隙上,接收机天线的输入为本节点发射信号和来自期望信源的通信信号之和,而前者对于后者是极强的干扰,即双工干扰(Duplex Interference,DI)。消除 DI 可以有以下几种途径。

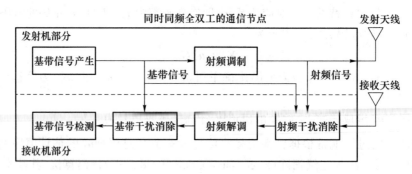

图 4.2.13　同时同频全双工节点结构图

1. 天线抑制

天线抑制即发射天线与接收天线在空中接口处分离,可以降低发射机信号对接收机信号的干扰,它属于传输域自干扰消减技术。通过在传输信道上完成自干扰消减,在接收机收到信号之前降低自干扰信号强度,成为自干扰的第一道防线。天线抑制通过配置天线位置或者其他手段,使得接收天线和发射天线之间的信道条件最差,以此来提升传输域自干扰消减能力。天线抑制的主要方法包括:

(1)拉远发射天线和接收天线之间的距离:采用分布式天线,增加电磁波传播的路径损耗,以降低 DI 在接收机天线处的功率。

(2)直接屏蔽 DI:在发射天线和接收天线之间设置一个微波屏蔽板,减少 DI 直达波在接收天线处泄漏。

(3)采用鞭式极化天线:令发射天线极化方向垂直于接收天线,有效降低直达波 DI 的接收功率。

(4)配备多发射天线:调节多发射天线的相位和幅度,使接收天线处于发射信号空间零点以降低 DI,图 4.2.14(a)所示的两发射天线和一接收天线的配置中,两发射天线到接收天线的距离差为载波波长的一半,而两发射天线的信号在接收天线处幅度相同、相位相反。

(5)配置多接收天线:接收机采用多天线接收,使多路 DI 相互抵消,图 4.2.14(b)所示的两接收天线和一发射天线的配置中,两接收天线分别距发射天线的路程为载波波长的一半,因此两个接收天线接收的 DI 之和为零。

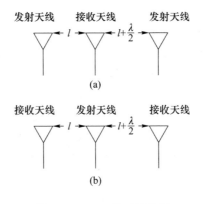

图 4.2.14 DI 的天线抑制

另外,也可以采用天线波束赋形来抑制 DI。

采用上述天线抑制的方法,一般可将 DI 降低 20~40 dB。

2. 射频干扰消除

射频干扰消除技术又称为模拟域自干扰消减技术,即在接收信号完成数字化之前,通过预测自干扰信号并生成一个反相的预测信号从而抵消自干扰信号的作用。

射频干扰消除既可以消除直达 DI,也可以消除多径到达 DI。图 4.2.15 所示为典型的射频干扰消除器,图下方所示的两路射频信号均来自发射机,一路经过天线辐射发往信宿,另一路作为参考信号经过幅度调节和相位调节,使它与接收机空中接口 DI 的幅度相等、相位相反,并在合路器中实现 DI 的消除。

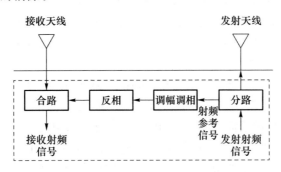

图 4.2.15 射频干扰消除器系统示意图

对 OFDM 多子载波 DI 消除采用复杂射频消除器,它将干扰分解成多个子载波,并假设每个子载波上的信道为平坦衰落。先估计每个子载波上的幅值和相位,对有发射机基带信号的每个子载波进行调制,使得它们与接收信号幅度相等、相位相反,再经混频器重构与 DI 相位相反的射频信号,最后在合路器中消除来自空口的 DI。

射频干扰消除技术可以分为自适应干扰消除技术和非自适应干扰消除技术,非自适应干扰消除技术不知道环境的变化情况,采用固定参数,如增益、相位和延迟,来构造预测的自干扰信号。而自适应干扰消除技术则会根据反馈通道中反馈的信道状态和其他环境变化动态地调整参数,有效地减轻直射和反射干扰。

3. 数字干扰消除

在一个同频同时全双工通信系统中,通过空中接口泄漏到接收机天线的 DI 是直达波和多径到达波之和。射频消除技术主要消除直达波,数字消除技术则主要消除多径到达波。

多径到达的 DI 在频域上呈现出非平坦衰落特性。数字干扰消除工作在数字域,利用先进的数字信号处理技术,简化了复杂的信号处理过程。

在数字干扰消除器中设置一个数字信道估计器和一个有限阶数字滤波器。信道估计器用于 DI 信道参数估计;滤波器用于 DI 重构,即从数字域上的基带采样信号中生成反相数字信号以消除该数字信号。由于滤波器多阶时延与多径信道时延具有相同的结构,将信道参数用于设置滤波器的权值,再将发射机的基带信号通过上述滤波器,即可在数字域重构经过空中接口的 DI,并实现对于该干扰的消除。除此之外,还可以采用接收端波束赋形方法,通过调整各个节点天线上的权值来尽可能降低循环自干扰强度,根据自干扰信道条件自适应地调整每个天线的权值,从而抑制自干扰。

任务三　5G 组网关键技术

4.3.1　超密集组网技术

超密集组网技术

超密集网络(Ultra Dense Network,UDN)是通过更加密集化的无线网络基础设施部署,在局部热点区域实现百倍量级的系统容量提升,其要点在于通过小基站加密部署提升空间复用方式。目前,UDN 正成为解决 5G 网络数据流量 1 000 倍以及用户体验速率 10～100 倍提升的有效解决方案。

超密集异构组网技术可以促使终端在部分区域内捕获更多的频谱,距离各个发射节点距离也更近,提升了业务的功率效率、频谱效率,大幅度提高了系统容量,并天然地保证了业务在各种接入技术和各覆盖层次间负荷分担。

在 5G 应用场景中,密集住宅区、办公室、体育场、露天集会、地铁、快速路、高铁和广域覆盖等具有超高流量密度、超高连接数密度、超高移动性特征。为了满足在特定区域内持续发生高流量业务的热点高容量场景需求,需要考虑在网络资源有限的情况下提高网络吞吐量和传输速率,保证良好的用户体验速率。在传统的无线通信系统组网中,通常采用小区分裂的方式减少小区半径来实现网络容量的增加。然而在 5G 网络数据流量 1 000 倍以及用户体验速率 10～100 倍提升的需求下,仅仅减少小区覆盖范围已经无法满足需要,需要采取立体分层网络(HetNet)的网络架构,在宏蜂窝网络层中布放大量的微小基站(Microcell)、皮基站(Picocell)、飞基站(Femtocell)等接入点,来满足数据容量增长要求。

1. 宏蜂窝基站

宏蜂窝(Macrocell)基站是传统无线网络覆盖最主要的手段。现有网络的绝大部分覆盖和容量都是由宏蜂窝基站提供的。

宏蜂窝基站一般由通信机房和天面两大部分组成(图 4.3.1)。

通信机房主要用于摆放无线主设备、传输设备、配套电源等,常规楼面站选取在楼内的某个房间或者楼顶搭建简易机房。

通信铁塔、通信杆的机房一般选择在旁边空地上自建机房或者摆放简易机房。

天面主要用于布放天线,常规楼面站常放置支撑杆或者支撑架,支撑架上布放板状天线。随着城市建设的要求越来越高,为了基站与周围环境的和谐,目前城市区域的天线建设多采用

图 4.3.1　宏蜂窝基站的机房和天面

美化天线。天线的美化类型包括水塔形、方柱形、空调形、灯杆形、排气管形和美化树形等。在建设时,根据周边环境选择具体的类型,以降低外观的敏感度。通信铁塔、通信杆相对简单,一般在顶部设置几层平台,天线安装到平台的支撑杆进行固定。

宏蜂窝基站由于地势高、功率强,一般能覆盖到周边几百米的区域,宏蜂窝基站对天线的布放位置要求比较高,必须能够将信号覆盖到需要覆盖的区域,不能有明显的阻挡或者干扰。一般建议天线要比周边楼宇平均高度高 6～8 m,天线尽量布放在楼宇的边缘,正前方不能有大面积的阻挡。

5G 网络中的宏站设备包括基带处理单元(Base band Unite,BBU)和有源天线处理单元(Active Antenna Unit,AAU)。BBU 负责完成包括编码、复用、调制、扩频等空中接口的基带处理功能,负责完成核心网的接口、信令处理、本地和远程操作维护,以及工作状态监控和告警信息上报等功能。随着设备集成化程度的提高,BBU 多为板状设计,如图 4.3.2 所示,可以安装于室内 19 英寸标准机柜内。

图 4.3.2　BBU 设备外观

AAU 是 5G 引入的新型设备。由于 5G 采用了 Massive MIMO 系统,需要减少射频拉远单元(Remote Radio Unit,RRU)和天线之间的衰耗,因此将 RRU 与天线阵列合为一体,形成了 AAU 设备,同时 AAU 也集成了部分 BBU 的功能。AAU(图 4.3.3)与原来的无源天线相比,体积、重量和耗电量都有增加,以 AAU 5619 设备为例,其支持 64T64R 的 Massive MIMO 功能,重量为 40 kg,最大功耗可以达到 1 050 W。

2. 微小基站

微小站一般由一体化集成天线、基带和射频单元组成,具有体积小、易伪装、业主抵触小、部署简单的优势,能充分解决站址资源不足、天面受限和深度覆盖不足等问题。微小站可分为一体化微站和分布式微站。一体化微站即天线、基带和射频单元集成为一体,可在物业点放装,进行单点补盲覆盖。分布式微站即基带和射频单元分离,使用光纤连接,可多点位布放,扩

图 4.3.3　AAU 设备外观

大覆盖范围。

微小站相比常规的宏蜂窝方案,可安装在小型抱杆上或挂墙安装,施工方便,隐蔽性好。可在室外补盲、补热、室外覆盖室内等场景部署微小站,能有效提升盲区各种无线指标及业务指标。具体如:居民楼、办公楼等楼宇的深度覆盖;城区部分弱覆盖路段的覆盖,例如隧道、居民小区内道路、遮挡严重的背街小巷等;数据业务热点区域补热;主干道、广场、公园、景区区域覆盖。

3. 皮/飞基站

分布式皮/飞基站系统组成包括主设备 BBU、接入合路单元、集线器单元、射频远端单元,各个单元之间采用光纤连接,集线器单元与射频远端单元之间采用光纤或五类线连接。

分布式皮/飞基站适用于覆盖和容量需求均较大的重要室内大型场景,具备部署灵活快捷、便于容量和覆盖调整、利于监控的优势。分布式皮基站尤其适用于大型场馆、交通枢纽等覆盖面积巨大、单位面积业务密度大或潮汐效应明显、室内区域较为空旷的场景。分布式飞基站远端更为小巧,其低功率输出更适用于室内隔断较多的场景。

4. 其他网络覆盖手段

宏蜂窝基站虽然能覆盖网络大部分的区域,但在实际网络中,用户的通信服务需求通常位于室内,特别是针对大型建筑的室内覆盖,宏蜂窝基站有几个明显的缺点:一是室内由于外墙以及内部装修隔断的阻挡,信号衰减严重,宏蜂窝基站深度覆盖不足;二是大型场所(比如商场、体育场等)人流量大,通信需求高,用宏蜂窝基站覆盖容量明显不足。因此需要在室内布放分布系统,加强深度覆盖;并对不同区域进行合理的小区划分,增大容量,满足区域内各类用户的通信需求。

部分住宅小区的楼宇楼体占地面积比较大,室内分布系统又只能布放到部分区域,比如电梯厅或者公共走廊,导致室内部分区域还是信号不好,周边又没有宏基站进行增强覆盖,此时可以充分利用这些楼体的天面,从室内分布系统延伸一部分信号到天面安装小型外拉天线,内部进行相互对打,提升深度覆盖效果。

无线直放站主要是在一些室外无线信号环境较好,室内场强弱,建筑物较小,或光纤无法到位的站点使用,或对于一些室外无线信号环境差,附近基站比较密集,且光纤无法到位的建筑物站点。无线直放站通过全部或部分频段信号直接进行放大或转发,其内部没有中频处理单元。

无线直放站的应用范围包括:填补盲区,扩大覆盖;村镇、公路、厂矿、旅游景点等补充覆盖等。

为了满足5G网络性能需求,在5G无线网络覆盖中需采用多种覆盖手段结合的方式,如图4.3.4所示。

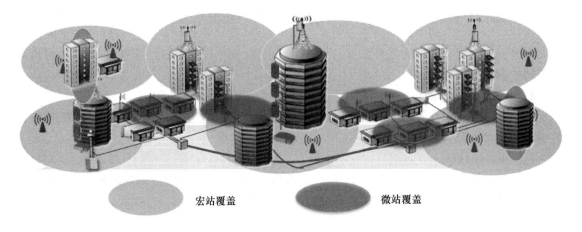

宏站覆盖　　　　　　　　微站覆盖

图4.3.4　超密集网络组网示意图

无线接入网以宏蜂窝基站为主,采用微小基站进行热点容量补充,同时结合大规模天线、高频通信等无线技术,提高无线侧的吞吐量。采用宏—微结合的覆盖场景下,通过覆盖与容量的分离(微小基站负责容量,宏基站负责覆盖及微小基站间资源协同管理),实现微基站根据通信业务发展需求以及业务分布特性的灵活部署。由宏蜂窝基站作为微基站间的接入集中控制模块,负责无线资源协调、小范围移动性管理等功能。对于微—微超密集覆盖的场景,微基站间的干扰协调、资源协同、缓存等需要进行分簇化集中控制。接入集中控制模块可以单独部署在数据中心或者由分簇中某基站负责,负责提供无线资源协调、小范围移动性管理等功能。

在超密集组网中,为了满足大流量数据的处理和响应速度,需要改变网络架构,将用户面网关、业务使能模块、内容缓存/边缘计算等转发的功能下沉到靠近用户的网络边缘以尽量减少网络时延。在无线接入网基站旁设置本地用户面网关,实现本地分流。同时,通过在基站上设置内容缓存/边缘计算能力,利用智能算法将用户所需内容快速分发给用户,同时减少基站向后的流量和传输压力。更进一步地将诸如视频编解码、头压缩等业务使能模块下沉部署到无线接入网侧,以便加快数据处理速度,减少传输压力。

4.3.2　网络切片技术

网络切片技术

5G网络建成后将提供多连接和处理很多不同的使用情况和场景。其应用案例将需要新的类型的连接服务,在速度、容量、安全性、可靠性、可用性、时延和电池寿命的影响等各方面灵活扩展。

5G网络要实现从人人连接到万物连接。不同类型应用场景对网络的需求是差异化的,有的甚至是相互冲突的。通过单一网络同时为不同类型应用场景提供服务,会导致网络架构异常复杂、网络管理效率和资源利用效率低下。因此5G系统将使用逻辑的,而不是物理资源,帮助运营商提供作为一种业务的基础网络构建。这样的网络服务将提供分配和重新分配资源与需求,并量身定制的网络的灵活性需求。

1. 网络切片的定义

网络切片(Network Slicing)是指一组网络功能、运行这些网络功能的资源以及这些网络功能特定的配置所组成的集合,这些网络功能及其相应的配置形成一个完整的逻辑网络,这个逻辑网络包含满足特定业务所需要的网络特征,为此特定的业务场景提供相应的网络服务。网络切片的本质就是将物理网络划分为多个虚拟网络,每个虚拟网络是在逻辑上完全隔离的不同专有网络。根据不同的服务需求,比如时延、带宽、安全性和可靠性等来划分,以灵活地应对不同的网络应用场景。

2. 网络切片的分类

网络切片是一个完整的逻辑网络,可以独立承担部分或者全部的网络功能。根据其承担的网络功能可以分为两种切片。

(1) 独立切片

独立切片是指拥有独立功能的切片,包括控制面、用户面及各种业务功能模块,为特定用户群提供独立的端到端专网服务或者部分特定功能服务。

(2) 共享切片

共享切片是指其资源可供各种独立切片共同使用的切片,共享切片提供的功能可以是端到端的,也可以是提供部分共享功能。

3. 网络切片的整体架构

5G 端到端网络切片是指将网络资源灵活分配,网络能力按需组合,基于一个 5G 网络虚拟出多个具备不同特性的逻辑子网。每个端到端切片均由核心网、无线网、传输网子切片组合而成,并通过端到端切片管理系统进行统一管理,如图 4.3.5 所示。

5G 无线网基于统一的空口框架,根据不同业务对时延和带宽的要求,由有源天线单元(Active Antenna Unit,AAU)、分布单元(Distributed Unit,DU)、集中单元(Centralized Unit,CU)功能的灵活切分和部署组成不同的网络切片。

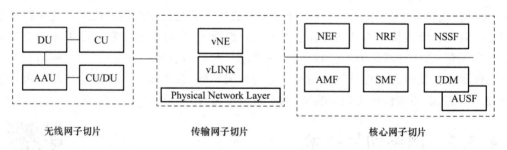

无线网子切片　　　　传输网子切片　　　　核心网子切片

图 4.3.5　5G 端到端网络切片整体架构

传输网子切片是在网元切片构建的虚拟网元(Virtual Network Embedding,vNE)和链路切片构建的虚拟链路(Virtual Link,vLINK)形成的资源切片基础上,包含数据面、控制面、业务管理/编排面的资源子集、网络功能、网络虚拟功能的集合。通过网络的虚拟化,上层业务和物理资源相互独立,各切片之间能够实现安全隔离。

5G 核心网将控制面和用户面彻底分离,网元由多个网络功能(Network Function,NF)构成,NF 接口通过总线型网络相互连接。核心网子切片采用网络切片选择功能(Network Slide Selection Function,NSSF)实现切片的选择,通过能力开放功能(Network Exposure Function,NEF)支持定制化的网络功能参数,既可以实现以公共陆地移动网(Public Land Mobile Network,PLMN)为单位部署的公共服务,也可以共享多个 NF 为多个切片提供服务,并实现各垂直行业的定制需求。

4.3.3　全频谱接入技术

全频谱接入技术

随着移动通信的快速发展,新的业务和需求不断涌现,单一的频谱资源已经无法满足5G时代的速率需求。因此需要寻找新的频谱资源,充分挖掘可用的频谱来满足5G的发展需求。

全频谱接入技术通过有效利用各类移动通信频谱(包含高低频段、授权与非授权频谱、对称与非对称频谱、连续与非连续频谱等)资源来提升数据传输速率和系统容量,所涉及的频段包括6 GHz以下的低频段和6～100 GHz的高频段。其中核心频段为低频段,用于无缝覆盖;高频段则作为辅助用来覆盖区域热点速度的提升。6 GHz以下低频段所能用于蜂窝移动通信的频谱资源极为有限,无法满足未来5G的发展需求,而6 GHz以上具有非常丰富的连续频谱资源,非常适合满足未来增强型移动宽带对高速率和连续大带宽的需求。

根据3GPP协议规定,5G网络主要使用两段频率:FR1频段和FR2频段(表4.3.1)。FR1频段的频率范围是:450 MHz～6 GHz,即sub 6 GHz频段;FR2频段的频率范围是24.25～52.6 GHz,通常被称为毫米波(mmWave)。

表 4.3.1　5G 频谱定义

频段名称	频段范围
FR1	450～6 000 MHz
FR2	24 250～52 600 MHz

2019年世界无线电通信大会(WRC-19)最终批准了275～296 GHz、306～313 GHz、318～333 GHz和356～450 GHz频段共137 GHz带宽资源可无限制条件地用于固定和陆地移动业务。这是国际电联首次明确275 GHz以上太赫兹频段地面有源无线电业务应用可用频谱资源,并将有源业务的可用频谱资源上限提升到450 GHz,将为全球太赫兹通信产业发展和应用提供基础资源保障。

在全频谱接入的技术框架下,低频和高频将通过混合组网的形式,当终端处于热点区域时,由低频蜂窝网络负责控制面数据的传输,高频蜂窝网络则负责数据面数据的传输。而当终端处于无高频基站覆盖的非热点区域时,控制面和数据面数据的传输都通过低频蜂窝网络负责。利用高频谱混合组网技术可以有效解决热点区域的速率和流量需求,同时通过低频基站进行广覆盖可以减少基站的数量,减少布网成本,充分发挥各自频段的特点,满足覆盖、速率、流量的需求,如表4.3.2所示。

表 4.3.2　全频谱接入混合组网对比

频段	中低频(<6 GHz)	高频(>24 GHz)
频段规划	国内规划的5G频段主要以3.5 GHz和4.9 GHz为主	24～86 GHz
产业积累	工艺相对成熟,产业相对完善	积累薄弱
频谱储量	异于其他国家,仍有数百兆存量	储量大,但仍需协调
技术差异	可连片或区域连片(如城区)组网	高频绕射能力更差,更易因遮挡产生覆盖阴影,连片覆盖困难
适用场景	连续广域覆盖 eMBB、mMTC、uRLLC	热点高容量 eMBB

除了为5G寻找新的空闲频谱资源,目前国内运营商正积极探寻2G/3G频率重耕、非授权频段接入等技术为5G提供更多的频谱资源。

4.3.4 移动边缘计算技术

移动边缘计算技术

移动边缘计算(Mobile Edge Computing,MEC)改变移动通信系统中网络与业务分离的状态,通过将云服务环境、计算和存储功能部署到网络边缘,为移动用户就近提供业务计算和数据缓存能力,实现应用与无线网络更紧密的结合,实现蜂窝移动网络具备的低时延、高带宽,位置感知及网络信息开放的特点,实现了其从接入管道向信息化服务使能平台的关键跨越。

欧洲电信标准化协会ETSI对MEC的定义是:在移动网络边缘提供IT服务环境和云计算能力。移动边缘计算可以被理解为在移动网络边缘采用云计算技术,通过云计算处理传统网络基础架构所不能处理的任务,例如M2M网关、控制功能、智能视频加速等。

MEC运行于网络边缘,其在逻辑上独立运行,并不依赖于网络的其他部分,这点对于安全性要求较高的应用来说非常重要。MEC服务器通常具有较高的计算能力,以适应大量数据的分析处理。同时,MEC距离用户或信息源在地理上非常近,使得网络响应用户请求的时延大大减小,减少了数据传输的需求,也降低了承载网和核心网部分发生网络拥塞的可能性。位于网络边缘的MEC能够实时获取例如基站信息、可用带宽等网络数据以及与用户位置相关的信息,从而进行链路感知自适应,并且为基于位置的应用提供部署的可能性,可以极大地改善用户的服务质量体验。

边缘计算行业规范工作组ISG MEC对MEC的网络框架和参考架构进行了定义,如图4.3.6所示。MEC的基本框架从一个比较宏观的层次出发,对MEC下不同的功能实体进行了网络层(Networks Level)、移动边缘主机层(Mobile Edge Host Level)和移动边缘系统层(Mobile Edge System Level)这三个层次的划分。

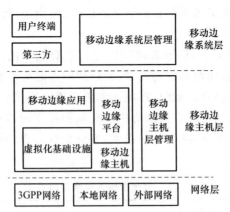

图4.3.6 MEC基本框架

其中,MEC主机层包含MEC主机(Mobile Edge Computing Host)和相应的ME主机层管理实体(ME Host-Level Management Entity),ME主机又可以进一步划分为ME平台(ME Platform)、ME应用(ME Application)和虚拟化基础设施(Virtualization Infrastructure)。

网络层主要包含3GPP蜂窝网络、本地网络和外部网络等相关的外部实体,该层主要表示

MEC 工作系统与局域网、蜂窝移动网或者外部网络的接入情况。

最上层是 ME 系统层的管理实体,负责对 MEC 系统进行全局掌控。

4.3.5　D2D 通信技术

D2D 通信技术

D2D(Device-to-Device)通信是由 3GPP 组织提出的一种在通信系统的控制下,允许移动终端之间在没有基础网络设施的情况下,利用小区资源直接进行通信的新技术。它能够提升通信系统的频谱效率,在一定程度上解决无线通信系统频谱资源匮乏的问题。与此同时,它还可以有效降低终端发射功率,减小电池消耗,延长手机续航时间。

D2D 在蜂窝系统下的模型如图 4.3.7 所示,图中左侧两个小区的通信都是基站与用户之间的传统通信形式,右侧小区中存在用户之间的通信链路,即 D2D 通信,阴影部分表示可能存在的干扰较大区域。

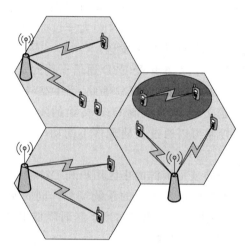

图 4.3.7　D2D 蜂窝系统模型

D2D 系统基站控制着 D2D 通信使用的资源以及 D2D 通信设备的发送功率,以保证 D2D 通信对小区现有通信的干扰在可接受的范围内。当网络为密集 5G 网络,并且有较高网络负载时,系统同样可以给 D2D 通信分配资源。但是基站无法获知小区内进行 D2D 通信用户间通信链路的信道信息,所以基站不能直接基于用户之间的信道信息来进行资源调度。

D2D 通信在蜂窝网络中将分享小区内的资源,因此,D2D 用户将可能被分配到如下两种情况的信道资源:

(1)与正在通信的蜂窝用户都相互正交的信道,即空闲资源;

(2)与某一正在通信的蜂窝用户相同的信道,即复用资源。

若 D2D 通信用户分配到正交的信道资源,它不会对原来蜂窝网络中的通信造成干扰。若 D2D 通信与蜂窝用户共享信道资源时,D2D 通信将会对蜂窝链路造成干扰。干扰情况如图 4.3.8 所示,图中有两条通信链路,分别为用户设备(User Equipment,UE)与演进型基站(Evolved Node B,eNB)之间的链路和两个 UE 之间的链路,虚线表示的是干扰信号,由于 D2D 用户复用了小区的资源,所以产生了一定的同频干扰。

D2D 通信复用上行链路资源时,系统中受 D2D 通信干扰的是基站,基站可调节 D2D 通信

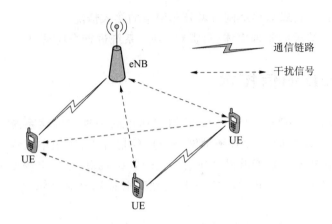

图 4.3.8 D2D 通信干扰示意图

的发送功率以及复用的资源来控制干扰,可以将小区的功率控制信息应用到 D2D 通信的控制中来。此时 D2D 通信的发送功率需要减小到一个阈值以保证系统上行链路信号与干扰加噪声比(Signal to Interference plus Noise Ratio,SINR)大于目标 SINR,而当 D2D 通信采用系统分配的专用资源时,D2D 用户可以用最大功率发送。

D2D 通信复用下行链路资源时,系统中受 D2D 通信干扰的是下行链路的用户。而受干扰的下行用户的位置决定于基站的短期调度情况。因此,受 D2D 传输干扰的用户可能是小区服务的任何用户。当 D2D 链路建立后,基站控制 D2D 传输的发送功率来保证系统小区用户的通信。合适的 D2D 发送功率控制可以通过长期观察不同功率对系统小区用户的影响来周期性确定。

在资源分配方面,基站可以将复用资源的小区用户和 D2D 用户在空间上分开。如基站可分配室内的 D2D 用户和室外的小区用户相同的系统资源。同时基站可以根据小区用户的链路质量反馈来调节 D2D 通信,当用户链路质量过度下降时降低 D2D 通信的发送功率,在链路质量尚可的情况下又能适当增加发送功率。

在通信负载较小的网络中,可以为 D2D 通信分配剩余的正交的资源,以取得更好的系统性能,同时又可以使网络有更高的资源利用率。这也正是在蜂窝网络中应用 D2D 通信的主要目的。

系统基站在给 D2D 通信分配资源时,需要根据小区通信情况、现有信道状态以及小区用户的位置信息决定 D2D 通信是复用小区用户资源还是采用正交资源进行通信,复用小区用户资源时,需要考虑问题是复用上行资源还是下行资源,以及复用小区中哪个用户的资源。复用下行资源比复用上行资源更加复杂,因为前者受到干扰的是小区移动台,而小区移动台可能在小区的任何位置,干扰情况较难分析。通常情况下,复用离 D2D 用户较远的小区用户的频谱资源会带来较小的同频干扰。

4.3.6　C-RAN 架构

C-RAN 架构

无线云网络 C-RAN 技术首先在 2009 年由中国移动提出,集中化、共享化、云化和清洁化的无线接入网(Centralized, Cooperative, Cloud and Clean RAN,C-RAN)的基本定义是:基于分布式拉远基站,云接入网 C-RAN 将所有或部分的基带处理资源进行集中,形成一个基带资源池并对其进行统一管理与动态分配,在提升资源利用率、降低能耗的同时,通过对协作化技术的有效支持而提升网络性能。

通过近些年的研究,C-RAN 的概念也在不断演进,尤其是针对 5G 高频段、大带宽、多天线、海量连接和低时延等需求,通过引入集中和分布单元 CU/DU 的功能重构及下一代前传网络接口(Next-generation Fronthaul Interface,NGFI)前传架构,5G C-RAN 概念与时俱进。

5G 的 BBU 功能被重构为集中单元(Centralized Unit,CU) 和分布单元(Distributed Unit,DU)两个功能实体。CU 与 DU 功能的切分以处理内容的实时性进行区分,如图 4.3.9 所示。

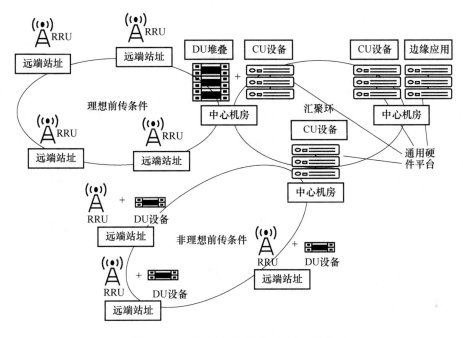

图 4.3.9　基于 CU/DU 的 C-RAN 架构

CU 通过交换网络连接远端的分布功能单元 DU,可依据场景需求灵活部署功能单元。传送网资源充足时,可集中化部署 DU 功能单元,实现物理层协作化技术,而在传送网资源不足时也可分布式部署 DU 处理单元。CU 实现了原属 BBU 的部分功能的集中,既兼容了完全的集中化部署,也支持分布式的 DU 部署。可在最大化保证协作化能力的同时,兼容不同的传送网能力。

4.3.7　自组织网络

自组织网络

自组织网络(Self-Organizing Network,SON)是在 LTE 网络的标准化阶段即提出的技术概念。

SON 是由一组带有无线收发装置的移动终端节点组成的无中心网络,是一种不需要依靠现有固定通信网络基础设施的、能够迅速展开使用的网络体系,是没有任何中心实体、自组织、自治愈的网络。

SON 的各个网络节点相互协作、通过无线链路进行通信、交换信息实现信息和服务共享;网络中两个无法直接通信的节点可以借助于其他节点进行分组转化,形成多跳的通信模式。

SON 通过无线网络的自配置、自优化和自治愈功能来提高网络的自组织能力,减少网络建设和运营人员的高成本人工,从而有效降低网络的部署和运营成本。

1. 自配置功能

SON 网络中新部署的 5G 基站支持即插即用,可通过自动安装过程获取软件、系统运行、无线和传输等参数,及自动检测邻区关系的自动管理过程。自配置主要有站址、容量和覆盖,新基站无线传输参数,针对所有邻接节点规划数据调整,硬件安装,射频设置,节点鉴权,O&M 安全通道建立和接入网关设置,自动资产管理,自动软件加载,自测试,配置等规划功能。

自配置可以大大减轻网络开通过程中工程师重复手动配置参数的工作量,降低网络建设成本和难度。

2. 自优化功能

SON 的自优化是指在网络运行中,通过 UE 和基站的测量,根据网络设备运行状况,自动调整网络运行参数,达到优化网络性能的过程。自优化可降低网络维护成本。传统的网络优化通常包含无线参数优化(如发射功率、小区切换门限)和机械/物理优化(如天线倾角、方向)。SON 自优化的对象包括覆盖与容量、节能、移动健壮性、移动负载均衡、随机接入信道、自动邻区关系、降低小区间干扰和 PCI 配置等。

3. 自治愈功能

SON 的自治愈功能是指通过自动检测,发现故障即时告警并定位故障来源。针对不同级别故障提供自愈机制,如温度过高将会降低输出功率,以达到对于故障的即时隔离与修复。

习题与思考

1. 简述 5G 技术的发展需求。
2. 简述 5G 的总体愿景。
3. 列出基本的无线信号发射－接收模型。
4. 列出大规模天线阵列技术的常用预编码方案。
5. 简述 CP-OFDM 技术的原理。
6. 列出 OFDM 技术的优缺点。
7. 列出目前常见的新型多址技术。
8. 列出 5G 采用的信道编码技术。
9. 简述全双工通信技术消除 DI 的措施。
10. 简述超密集组网的实现方法。
11. 简述网络切片技术的概念。
12. 列出 5G 网络主要使用的频率。
13. 简述 MEC 的概念和优势。
14. 简述 D2D 的概念和优势。
15. 简述 C-RAN 的概念。
16. 列出 SON 网络的三个功能。

项目五　5G 网络系统架构

【项目说明】

学习 5G 移动通信系统在需求和架构设计中的设计理念,掌握 SDN 与 NFV 的概念和关系;掌握 5G 系统组成和接口。

【项目内容】

- 5G 网络架构设计思路
- 5G 物理层
- 5G 网络架构

【知识目标】

- 理解 5G 架构设计思路;
- 了解 SDN/NFV 技术与 5G 架构实现的关系;
- 掌握 5G 物理层设计;
- 掌握 5G 系统组成和接口;
- 掌握 5G 协议栈;
- 掌握 5G 无线接入网架构;
- 掌握 5G 核心网服务化架构;
- 了解 5G 下一代前传网络。

任务一　5G 网络架构设计思路

5.1.1　5G 架构设计

IMT-2020(5G)推进组从逻辑功能和平台部署角度,在相关白皮书中呈现了新型的 5G 网络架构设计。

5G 架构设计

5G 网络架构设计包括系统设计和组网设计两个方面。系统设计重点考虑逻辑功能的实现以及不同逻辑功能之间的信息交互过程,通过构建功能平面设计更合理的统一的端到端网络逻辑架构。组网设计则聚焦设备平台和网络部署的实现方案,以充分发挥基于 SDN/NFV 技术的新型基础设施环境在组网灵活性和安全性方面的功能和潜力。

1. 逻辑视图

5G 网络逻辑视图由 3 个功能平面构成:接入平面、控制平面和转发平面。其中,接入平面引入多站点协作、多连接机制和多制式融合技术,构建更灵活的接入网拓扑;控制平面基于可重构的集中的网络控制功能,提供按需接入、移动性和会话管理,支持精细化资源管控和全面能力开放;转发平面具备分布式的数据转发和处理功能,提供更动态的锚点设置,以及更丰富的业务链处理能力。5G 逻辑视图如图 5.1.1 所示。

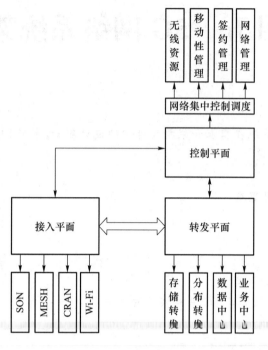

图 5.1.1　5G 逻辑视图

2. 功能视图

5G 网络采用模块化功能设计模式,并通过"功能组件"的组合,构建满足不同应用场景需求的专用逻辑网络。

5G 网络以网络控制层的控制功能为核心,以网络资源层的网络接入和转发功能为基础资源,向上为管理编排层提供管理编排和网络开放的服务,形成三层网络功能视图,如图 5.1.2 所示。

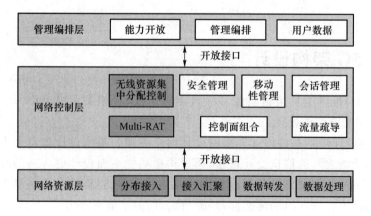

图 5.1.2　5G 功能视图

管理编排层由能力开放、管理编排和用户数据三部分功能组成。

能力开放功能提供对网络信息的统一收集和封装,并通过 API 开放给第三方;管理编排功能基于网络功能虚拟化技术,实现网络功能的按需编排和网络切片的按需创建;用户数据功能存储用户签约、业务策略和网络状态等信息。

网络控制层的主要功能模块包括无线资源集中分配控制、多接入统一管控(Multi-RAT)、安全管理、移动性管理、会话管理、控制面组合和流量疏导等,其主要功能为实现网络控制功能重构及模块化。网络控制层的功能组件按管理编排层的指示,在网络控制层中进行组合,实现对资源层的灵活调度。

网络资源层包括接入侧功能和网络侧功能。接入侧实现分布接入功能和业务汇聚功能。网络侧重点实现数据转发、数据处理等功能。基于分布式锚点和灵活的转发路径设置,数据包被引导至相应的处理节点,实现高效转发和丰富的数据处理,如深度包检测、内容计费和流量压缩等。

3. 5G 网络架构设计

传统的移动通信无线接入网络架构秉承着高度一致的网络架构设计原则,包括集中核心域提供控制与管理、分散无线域提供移动接入、用户面与控制面紧密耦合、网元实体与网元功能高度耦合。在 5G 时代,随着各种新的业务和应用场景出现,传统网络架构在灵活性和适应性方面就显得不足。根据 5G 业务典型覆盖场景和关键性能指标分析,5G 无线接入网架构应是具有高度的灵活性、扩展能力和定制能力的新型移动接入网架构,实现网络资源灵活调配和网络功能灵活部署,达到兼顾功能、成本、能耗的综合目标。

因此,5G 无线网络架构设计需遵循以下几点原则。

(1)高度的智能性

实现承载和控制相分离,支持用户面和控制面独立扩展和演进,基于集中控制功能,实现多种无线网络覆盖场景下的无线网络智能优化和高效管理。

(2)网元和架构配置的灵活性

物理节点和网络功能解耦,重点关注网络功能的设计,物理网元配置则可灵活采取多种手段,根据网络应用场景进行灵活配置。

(3)建设和运维成本的高效性

5G 网络建设和运维成本是一个庞大的数目,建设成本和运维成本的合理控制是 5G 能否成功运营的关键,因此成本目标是 5G 无线网络架构设计首要考虑目标。

根据以上所述的 5G 无线网络架构设计原则,在实际 5G 无线网络架构设计过程中,需要依次考虑 5G 无线逻辑架构、5G 无线部署架构两个层面。5G 无线逻辑架构是指根据业务应用特性和需求,灵活选取网络功能集合,明确无线网络功能模块之间的逻辑关系和接口设计。5G 无线部署架构是指从 5G 无线逻辑架构到物理网络节点的映射实现。

虚拟化和切片是 5G 核心网的关键技术特征。5G 网络将是两者融合的演进和革新,5G 将形成新的核心网,并演进 4G 时代的 EPC 核心网功能,以功能为单位按需解构网络。5G 网络是灵活的、定制化的、基于特定功能需求的、运营商或垂直行业拥有的网络,这一思路需要由虚拟化和切片技术实现。

5G 基础设施平台由基于通用硬件架构的数据中心构成支持 5G 网络高性能转发要求和电信级管理要求的网络切片,实现移动网络的定制化部署。

5G 网络架构设计可以从逻辑上分为四个层次。

(1)中心级

以控制、管理和调度职能为核心,例如虚拟化功能编排、广域数据中心互连和 BOSS 系统等,可按需部署于全国节点,实现网络总体的监控和维护。

（2）汇聚级

主要包括控制面网络功能,例如移动性管理、会话管理、用户数据和策略等。可按需部署于省份一级网络。

（3）区域级

主要功能包括数据面网关功能,重点承载业务数据流,可部署于地市一级。移动边缘计算功能、业务链功能和部分控制面网络功能也可以下沉到这一级。

（4）接入级

包含无线接入网的 CU 和 DU 功能,CU 可部署在回传网络的接入层或者汇聚层;DU 部署在用户近端。CU 和 DU 间通过增强的低时延传输网络实现多点协作化功能,支持分离或一体化站点的灵活组网。

借助于模块化的功能设计和高效的 SDN /NFV 平台,在 5G 组网实现中,上述组网功能元素部署位置无须与实际地理位置严格绑定,而是可以根据每个运营商的网络规划、业务需求、流量优化、用户体验和传输成本等因素综合考虑,对不同层级的功能加以灵活整合,实现多数据中心和跨地理区域的功能部署。

5.1.2 SDN 与 NFV

SDN 与 NFV

软件定义网络(Software Defined Network,SDN)与网络功能虚拟化(Network Functions Virtualization,NFV)既是 5G 的关键技术也是 5G 组网架构的实现原则。SDN 与 NFV 的结合,是 5G 能够灵活组网,以应对不同用户需求的关键。

1. SDN

SDN 的主要功能是通过将网络设备控制面与数据面的分离实现网络流量的灵活控制,为核心网络及应用的创新提供良好的平台。

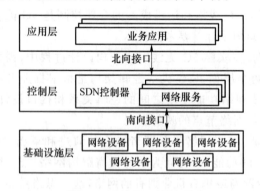

图 5.1.3　SDN 三层架构

SDN 希望将网络控制与物理网络拓扑分离,从而摆脱硬件对网络架构的限制。这样运营商便可以像升级、安装软件一样对网络架构进行修改,满足网络运营对整个网站架构进行调整、扩容或升级的需求。而底层的交换机、路由器等硬件则无须替换,在节省大量成本的同时,大大缩短网络架构迭代周期。

SDN 三层架构如图 5.1.3 所示。最顶层为应用层,包括各种不同的网络业务和应用;中间的控制层主要负责处理数据平面资源的编排、维护网络拓扑、转发信息等;最底层的基础设施层负责数据处理、转发和状态收集。

其中,以控制层为中心,其与应用层和基础设施层之间的接口分别被定义为北向接口和南向接口,是 SDN 架构中两个重要的组成部分。ONF 在南向接口上定义了开放的 Open-Flow 协议标准,而业界在北向接口上还没有达成标准共识。

2. NFV

网络功能虚拟化(NFV)结合网络架构(Network Architecture)的概念,利用虚拟化技术,将网络节点阶层的功能分割成几个功能区块,分别以软件方式实现,不再局限于硬件架构。

　　NFV 的核心是虚拟网络功能。它提供只能在硬件中找到的网络功能,包括很多应用,比如路由、移动核心、安全性、策略等。

　　网络功能虚拟化技术的目标是在标准服务器上而不是在定制设备上提供网络功能。NFV 的最终目标是把网络设备类型都整合为标准服务器、交换机和存储,以便利用更简单的开放网络元素。

　　NFV 基础架构如图 5.1.4 所示。

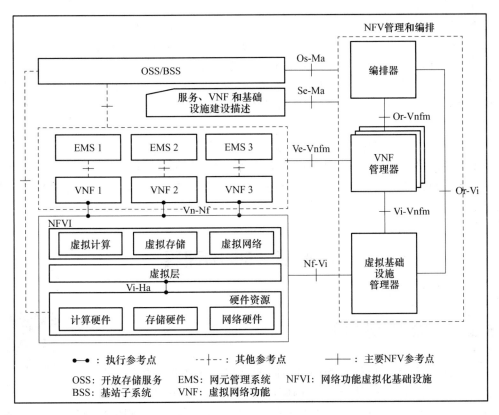

图 5.1.4　NFV 基础架构

整个 NFV 架构可以分为 3 个主要部分。

（1）NFV 基础设施（NFV Infrastructure,NFVI）

NFV 基础设施包括硬件资源、虚拟层及其上的虚拟资源,其中硬件资源包含计算、存储、网络等 3 部分,是承担着计算、存储和内外部互连互通任务的设备。

（2）虚拟网元与网管

虚拟网元与网管包括虚拟网络功能（VNF）与网元管理系统（Element Management System,EMS）。

- VNF:软件化后的网元部署在虚拟机上,其功能与接口和非虚拟化时保持一致。
- EMS:EMS 主要可以完成传统的网元管理功能及虚拟化环境下的新增功能,一般由 VNF 厂商提供。除传统的网管功能外,还包括虚拟化环境下的新增功能,如 VNF 资源的申请及运行数据的采集等。

（3）NFV 管理和编排（Management and Orchestration，MANO）

MANO 包括编排器（Orchestrator）、虚拟网络功能管理器（Virtualized Network Function Manager，VNFM）与虚拟基础设施管理器（Virtualized Infrastructure Manager，VIM）。

- 编排器：负责网络业务、VNF 与资源的总体管理，是整个 NFV 架构的控制核心。
- 虚拟网络功能管理器：负责 VNF 的资源及生命周期等相关管理，如网元的实例化、扩容与缩容等功能。
- 虚拟基础设施管理器：可以实现对整个基础设施层资源（包含硬件资源和虚拟资源）的管理和监控。

此外，还有开放存储服务（Open Storage Service，OSS）/基站子系统（Base Station System，BSS）网元。OSS/BSS 为目前运营商的支撑系统，该网元除支持传统网络管理功能外，还支持在虚拟化环境下与编排器交互，完成维护与管理功能。

硬件层的最底层为资源层，如计算硬件资源、存储硬件资源等。其上为虚拟层，虚拟层主要采用一些主流的虚拟化软件实现。目前设备提供商一般采用优化主流虚拟化软件的方式构建虚拟层。

硬件层最上层为虚拟化后的计算单元、存储单元等。

虚拟化的网络功能层由各种 VNF 组成，每个 VNF 依据其运行的软件不同可实现不同的核心网网络逻辑功能。每个 VNF 由多个虚拟机（Virtual Machine，VM）组成，VM 为虚拟层已经虚拟化的计算资源、存储单元等。

任务二　5G 物理层

5.2.1　物理层功能

物理层功能

5G 无线接口包括用户设备和网络之间的接口。无线接口由第一层、第二层和第三层组成。物理层与层 2 的媒体接入控制（Media Access Control，MAC）子层和层 3 的无线资源控制（Radio Resource Control，RRC）的接口和整体结构如图 5.2.1 所示。

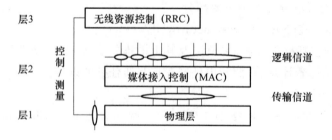

图 5.2.1　5G 无线接口协议结构

图 5.2.1 中，不同层/子层之间的圆圈表示服务接入点。在无线接口协议层次中，MAC 层实现逻辑信道向传输信道的映射，而物理层实现传输信道向物理信道的映射，以传输信道为接口向上层提供数据传输的服务。

物理层可以提供以下功能：

- 传输信道上的错误检测和到更高层的指示；
- 传输信道的 FEC 编码/解码；
- HARQ 软合并；
- 编码传输信道与物理信道的速率匹配；
- 将编码传输信道映射到物理信道；
- 物理信道的功率加权；
- 物理信道的调制和解调；
- 频率与时间同步；
- 无线特性测量和指示到更高的层；
- 多输入多输出（MIMO）天线处理；
- 射频处理。

物理层的下行链路采用带循环前缀的正交频分复用（CP-OFDM）；对于上行链路，支持带有循环前缀的正交频分复用，其离散傅里叶变换扩频预编码功能可以选择执行或者禁用。处理方式如图 5.2.2 所示。

注：转换预编码功能仅限于上行链路可选，不适用于下行链路。

图 5.2.2　带可选预编码的 CP-OFDM 的上下行链路数据处理

为了支持成对和非成对频谱的传输，支持频分双工（FDD）和时分双工（TDD）两种方式，允许物理层适应不同的频谱分配。

5.2.2　帧结构

帧结构

5G 的基本时间单位 $T_c = \dfrac{1}{\Delta f_{\max} N_f} = 5.1 \times 10^{-10}$ s，其中 $\Delta f_{\max} = 480$ kHz，$N_f = 4\,096$。T_c 在实质上为 OFDM 的采样间隔。

5G 上下行链路被组织为帧，帧长为 $T_f = \left(\Delta f_{\max} \cdot \dfrac{N_f}{100} \right) \cdot T_c = 10$ ms，有两个长度为 5 ms 的半帧，分别为半帧 0 和半帧 1。

每个半帧由 5 个子帧组成，半帧 0 由子帧号 0～4 组成，半帧 1 由子帧 5～9 组成。子帧长 $T_f = \left(\Delta f_{\max} \cdot \dfrac{N_f}{1000} \right) \cdot T_c = 1$ ms，每个子帧的连续 OFDM 符号的数量 $N_{\mathrm{symb}}^{\mathrm{subframe}, u} = N_{\mathrm{symb}}^{\mathrm{slot}} \cdot N_{\mathrm{slot}}^{\mathrm{subframe}, u}$，其中，$N_{\mathrm{symb}}^{\mathrm{slot}}$ 为每个时隙的符号数，$N_{\mathrm{slot}}^{\mathrm{subframe}, u}$ 为子载波间隔配置的每子帧的时隙数。

帧结构如图 5.2.3 所示。

其中：时隙（Slot）为数据调度的最小单位，每子帧内时隙的个数由子载波宽度确定；符号（Symbol）为调制的基本单位。

5G 引入了基于可扩展参数集（Numerology）的 OFDM 多址接入方式，用以支持不同的频率资源的组合和部署方式。

可扩展参数集包括子载波间隔（SubCarrier Spacing，SCS），以及与之对应的符号长度、CP 长度等参数。基于可扩展参数集的 OFDM，子载波间隔能够随着信道带宽进行灵活扩展，从而使得离散傅里叶变换的尺寸也可以灵活扩展，降低了大带宽下的处理复杂度。

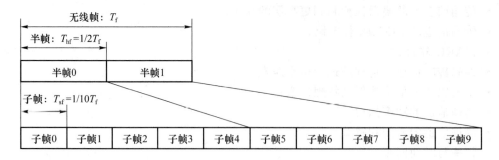

图 5.2.3　5G 帧结构

不同子载波间隔对应的时隙长度不同。根据可扩展参数集的定义,5G 可采用的子载波间隔是 15 kHz 的 2^{μ} 倍,其中 μ 和循环前缀 CP 可以从高层参数"subcarrierSpacing"和"cyclicPrefix"取得。具体的取值如表 5.2.1 所示。

表 5.2.1　5G 可扩展参数集

μ	$\Delta f = 2^{\mu} \cdot 15$ kHz	循环前缀	是否可以用于数据	是否可用于同步
0	15	正常	是	是
1	30	正常	是	是
2	60	正常,扩展	是	否
3	120	正常	是	是
4	240	正常	否	是

其中,$\mu = \{0,1,3,4\}$ 可以用于主同步信号(PSS)、辅同步信号(SSS)和物理广播信道(PBCH);$\mu = \{0,1,2,3\}$ 可以用于其他信道。正常 CP 可以支持所有的子载波间隔,扩展 CP 可以用于 $\mu = 2$ 的子载波间隔。每个物理资源块(Physical Resource Block,PRB)在频域包括 12 个连续子载波。由于子载波间隔可变,每个子帧时隙相应也可变,时隙的取值对应于子载波间隔指示 μ。5G 时隙长度分别为 1 ms、0.5 ms、0.25 ms、0.125 ms 和 0.062 5 ms。

不同子载波间隔对应的时隙长度如图 5.2.4 所示。

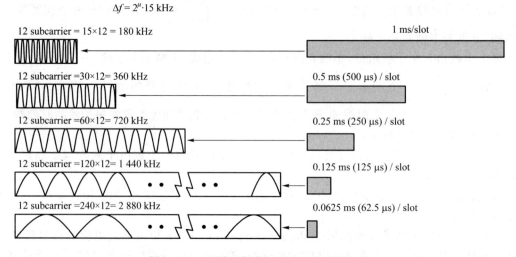

图 5.2.4　不同子载波间隔对应的时隙长度

在一个子帧里,时隙以 n_s^μ 顺序编号,其中 $n_\mathrm{s}^\mu \in \{0,\cdots,N_\mathrm{slot}^{\mathrm{subframe},\mu}-1\}$,其中 $N_\mathrm{slot}^{\mathrm{subframe},\mu}$ 为每子帧与 μ 对应的时隙数。而在一个帧里面,时隙以 $n_\mathrm{s,f}^\mu$ 顺序编号,$n_\mathrm{s,f}^\mu \in \{0,\cdots,N_\mathrm{slot}^{\mathrm{frame},\mu}-1\}$,其中 $N_\mathrm{slot}^{\mathrm{sframe},\mu}$ 为每子帧与 μ 对应的时隙数。

正常循环前缀下每时隙的 OFDM 符号数为 14 个,扩展循环前缀下每时隙的 OFDM 符号数为 12 个。同一帧内的子帧时隙起始位置与 OFDM 符号的起始位置对齐。

具体的数值如表 5.2.2 和表 5.2.3 所示。

表 5.2.2　正常循环前缀下的每时隙 OFDM 符号数、每帧时隙数以及每子帧时隙数

μ	$N_\mathrm{symb}^{\mathrm{slot}}$	$N_\mathrm{slot}^{\mathrm{frame},\mu}$	$N_\mathrm{slot}^{\mathrm{subframe},\mu}$
0	14	10	1
1	14	20	2
2	14	40	4
3	14	80	8
4	14	160	16

表 5.2.3　扩展循环前缀下的每时隙 OFDM 符号数、每帧时隙数以及每子帧时隙数

μ	$N_\mathrm{symb}^{\mathrm{slot}}$	$N_\mathrm{slot}^{\mathrm{frame},\mu}$	$N_\mathrm{slot}^{\mathrm{subframe},\mu}$
2	12	40	4

以 SCS=30 kHz 和 120 kHz 为例,帧结构框架如图 5.2.5 和图 5.2.6 所示。

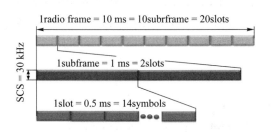

图 5.2.5　SCS=30 kHz 的帧结构

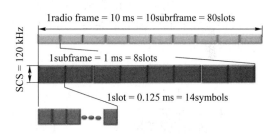

图 5.2.6　SCS=120 kHz 的帧结构

5.2.3　信道带宽

信道带宽

5G 中支持不同的 Numerology,并且基于终端能力的考虑,3GPP 限制了单个小区有效子载波数不超过 3 300(FFT 点数不超过 4 096),因此不同子载波间隔情况下支持的小区最大带宽不一样;基于每个频段能够获得的带宽、不同频段能够支持的最大小区带宽也不同。

表 5.2.4 和表 5.2.5 分别为 Sub6G 和毫米波波段可以支持的小区带宽配置。

表 5.2.4　Sub6G 波段可支持的小区带宽配置(最大 100 MHz)

SCS/kHz	5	10	15	20	25	30	40	50	60	70	80	90	100
	(单位:MHz)												
	N_{RB}	N_{RB}	N_{RB}	N_{RB}	N_{RB}	N_{RB}	N_{RB}	N_{RB}	N_{RB}	N_{RB}	N_{RB}	N_{RB}	N_{RB}
15	25	52	79	106	133	[160]	216	270					
30	11	24	38	51	65	[78]	106	133	162	[189]	217	[245]	273
60	—	11	18	24	31	[38]	51	65	79	[93]	107	[121]	135

表 5.2.5　mmWave 波段可支持的小区带宽配置(最大 400 MHz)

SCS/kHz	50 MHz	100 MHz	200 MHz	400 MHz
	N_{RB}	N_{RB}	N_{RB}	N_{RB}
60	66	132	264	—
120	32	66	132	264

　　5G 系统中提出了新的 BWP(Bandwidth Part)的概念。BWP 即"部分带宽",指网络侧配置给 UE 的一段连续的带宽资源,可实现网络侧和 UE 侧灵活传输带宽配置。BWP 是系统工作带宽的一些子集,每个 BWP 对应一个特定的 Numerology。

　　不同 UE 可配置不同 BWP,每个 UE 最多可以配置 4 个 BWP,但是某个时刻只有一个处于激活态。UE 不需要知道 5G 基站侧传输带宽,只需要支持配置给 UE 的 BWP 带宽信息。因此,5G 中 UE 带宽可以小于小区带宽,并且 UE 带宽位置可以出现在小区带宽内的任一位置

　　2018 年 12 月,工业和信息化部批准了三大运营商的全国范围 5G 中低频段试验频率使用许可,中国联通和中国电信获得 3.5 GHz 的国际主流频段;中国移动获得(2.6+4.9)GHz 组合频谱(图 5.2.7)。

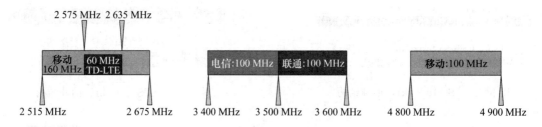

图 5.2.7　三大运营商 5G 频段分布示意图

- 中国电信获得 3 400~3 500 MHz 共 100 MHz 带宽的 5G 频率资源;
- 中国移动获得 2 515~2 675 MHz、4 800~4 900 MHz 频段共 260 MHz 带宽 5G 频率资源,其中 2 515~2 575 MHz、2 635~2 675 MHz 和 4 800~4 900 MHz 频段为新增频段,2 575~2 635 MHz 频段为重耕中国移动现有的 TD-LTE(4G)频段;
- 中国联通获得 3 500~3 600 MHz 共 100 MHz 带宽的 5G 频率资源。

　　2019 年 6 月,工业和信息化部向三大运营商和中国广播电视网络有限公司颁发了 5G 网络运营牌照,其中中国广播电视网络有限公司(简称中国广电或者国网)获得了 700 MHz 的 5G 牌照:698~790 MHz。

中国广电 5G 试验网将利用 700 MHz、4.9 GHz(4 900～5 000 MHz)及 3.3～3.4 GHz 频率资源(中国联通、中国电信和中国广电共同使用)开展混合组网建设。

5.2.4　物理层资源

物理层资源

5G 对基本物理层资源做了以下定义。

(1) 物理层资源栅格(Resource Grid,RG):上下行分别定义的物理层资源单位集合,基于可扩展参数集 Numerology 而变化。

RG 在频域为传输带宽内可用 RB 资源 N_{RB};时域为一个子帧。

(2) 物理资源块(Resource Block,RB):数据信道资源分配频域基本调度单位。

RB 指频域的 12 个连续子载波,频域宽度与 SCS 有关,为 $2^{\mu} \cdot 180 \text{ kHz}$。

(3) 物理资源元素(Resource Element,RE):物理层资源的最小粒度。

RE 指频域内的 1 个子载波和时域内的 1 个 OFDM 符号。

物理层各资源单位的关系如图 5.2.8 所示。最小方块代表一个 RE,12 行方块的集合为一个 RB,多个 RB 资源组成 RG。

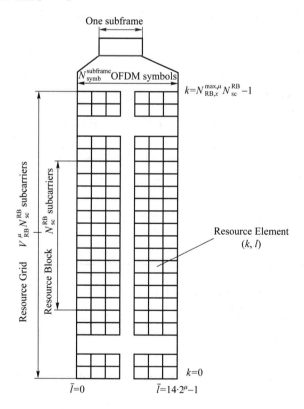

图 5.2.8　各物理层资源关系示意图

在数据信道,5G 系统基本调度单位是 PRB 或 RBG。

(1) PRB(Physical RB):物理资源块。

PRB 指频域的 12 个子载波。

(2) RBG(Resource Block Group):物理资源块的集合。

RBG 在频域上,其大小和 UE 工作带宽 BWP(BandWidth Part)内 RB 数有关。

在控制信道,5G 系统基本调度单位是 CCE。

(1) REG(RE Group):控制信道资源分配基本组成单位。

REG 在频域上等于 1 个 PRB,即 12 个子载波;时域上占据 1 个 OFDM 符号。

(2) CCE(Control Channel Element):控制信道资源分配基本调度单位。

CCE 在频域上,1CCE = 6REG = 6PRB;支持 CCE 聚合等级为 1、2、4、8、16。

5.2.5　信道映射

在无线接口协议层次中,包括物理信道、传输信道和逻辑信道。

信道映射

1. 物理信道

物理信道是将属于不同用户、不同功用的传输信道数据流分别按照相应的规则确定其载频、扰码、扩码、开始结束时间等进行相关的操作,并最终调制为模拟射频信号发射出去。物理信道按照上下行链路区分。

下行链路中定义的物理信道为:

- 物理下行共享信道(Physical Downlink Shared Channel,PDSCH):用于承载下行用户数据。
- 物理下行控制信道(Physical Downlink Control Channel,PDCCH):用于上下行调度、功控等控制信令的传输。物理下行链路控制信道由一个或多个控制信道单元(CCE)组成。表 5.2.6 所示为支持的 PDCCH 聚合级别。

表 5.2.6　支持的 PDCCH 聚合级别

聚合级别	CCE 数量
1	1
2	2
4	4
8	8
16	16

- 物理广播信道(Physical Broadcast Channel,PBCH):用于承载系统广播消息。

上行链路中定义的物理信道为:

- 物理随机接入信道(Physical Random Access Channel,PRACH):用于承载用户随机接入请求信息。
- 物理上行共享信道(Physical Uplink Shared Channel,PUSCH):用于承载上行用户数据。
- 物理上行控制信道(Physical Uplink Control Channel,PUCCH):用于 HARQ 反馈、CQI 反馈、调度请求指示灯 L1/L2 控制信息。

2. 传输信道

传输信道是在对逻辑信道信息进行特定处理后再加上传输格式等指示信息后的数据流。传输信道是通过描述物理层特性使物理层能够为 MAC 和更高的层提供信息传输服务。

下行传输信道包括:

- 广播信道(Broadcast Channel,BCH):用于承载 5G MAC 层的系统控制信息。
- 下行共享信道(Downlink Shared Channel,DL-SCH):用于承载来自 5G 基站的下行链路方向上的所有 UE 的数据。
- 寻呼信道(Paging Channel,PCH):用于承载寻呼信息、系统信息更改通知。

上行传输信道包括:

- 上行共享信道(Uplink Shared Channel,UL-SCH):用于承载来自 UE 的数据,从 UE 传送到 5G 基站。
- 随机接入信道(Random Access Channel,RACH):用于在 RRC 连接建立过程中建立 UE 和 5G-RAN 之间的 5G-RRC 连接。

3. 逻辑信道

MAC 提供了传输信道和逻辑信道之间的映射。每个逻辑信道类型由传输的信息类型定义。逻辑信道分为两组:控制信道和业务信道。

控制信道仅用于控制平面信息的传输。

- 广播控制信道(Broadcast Control Channel,BCCH):广播系统控制信息的下行信道。
- 寻呼控制通道(Paging Control Channel,PCCH):传输寻呼信息、系统信息更改通知和正在进行的公共警告系统(Public Warning System,PWS)广播指示的下行通道。
- 公共控制信道(Common Control Channel,CCCH):用于在 UE 与网络之间传输控制信息的信道。此通道用于与网络没有 RRC 连接的 UE。
- 专用控制信道(Dedicated Control Channel,DCCH):在 UE 和网络之间传输专用控制信息的点对点双向信道。此信道用于具有 RRC 连接的 UE。

业务信道只用于传送用户面的信息。

- 专用业务信道(Dedicated Traffic Channel,DTCH):点对点信道,专用于一个 UE,用于用户信息的传输。DTCH 可以存在于上行链路和下行链路中。

4. 信道映射

具体的信道映射关系如图 5.2.9 和图 5.2.10 所示。

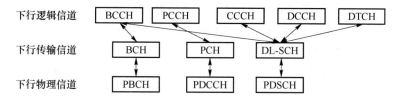

图 5.2.9　5G 下行信道映射关系

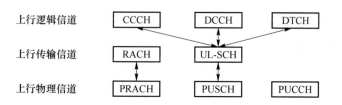

图 5.2.10　5G 上行信道映射关系

5. 侧行链路(Sidelink)

为了更好地支持物联网业务和 D2D 通信,5G 定义了侧行链路。5G 联网的终端之间能够通过侧行链路直接通信,无须经过基站设备。

侧行链路定义了包括信道、信号等一系列物理资源。

侧行链路相关信道包括:

- 物理侧链共享信道(Physical Sidelink Shared Channel,PSSCH);
- 物理侧链广播信道(Physical Sidelink Broadcast Channel,PSBCH);
- 物理侧链控制信道(Physical Sidelink Control Channel,PSCCH);
- 物理侧链反馈信道(Physical Sidelink Feedback Channel,PSFCH)。

5.2.6 物理信号

物理信号

物理层使用上行链路物理信号,但不携带源自更高层的信息。5G 定义了以下上行链路物理信号。

- 解调参考信号(Demodulation Reference Signal,DM-RS):用于上行数据解调、时频同步等。
- 相位跟踪参考信号(Phase-Tracking Reference Signal,PT-RS):用于上行相位噪声跟踪和补偿。
- 探测参考信号(Sounding Reference Signal,SRS):用于上行信道测量、时频同步、波束管理。

下行链路物理信号对应于物理层使用的一组资源单元,但不携带源自更高层的信息。5G 定义了以下下行链路物理信号。

- 解调参考信号(Demodulation Reference Signal,DM-RS):用于下行数据解调、时频同步等。
- 相位跟踪参考信号(Phase-Tracking Reference Signal,PT-RS):用于下行相位噪声跟踪和补偿。
- 信道状态信息参考信号(Channel-state information Reference Signal,CSI-RS):用于下行信道测量、波束管理、RRM/RLM 测量和精细化时频跟踪等。
- 主同步信号(Primary Synchronization Signal,PSS):用于时域同步,获得小区 ID (N_{ID}^2)。N_{ID}^2 取值范围为 $[0\sim2]$。
- 辅同步信号(Secondary Synchronization Signal,SSS):用于频域同步,并获得小区组 ID (N_{ID}^1)。N_{ID}^1 取值范围为 $[0\sim335]$。

其中,根据主同步信号和辅同步信号可以得到物理层小区标识 N_{ID}^{cell}:

$$N_{ID}^{cell}=3 \cdot N_{ID}^1+N_{ID}^2$$

N_{ID}^{cell} 共有 1 008 个,取值范围为 $[0,1\,007]$。

Sidelink 相关信号包括:

- 解调参考信号(Demodulation Reference Signal,DM-RS);
- 信道状态信息参考信号(Channel-State Information Reference Signal,CSI-RS);
- 相位跟踪参考信号(Phase-Tracking Reference Signal,PT-RS);
- 侧行链路主同步信号(Sidelink Primary Synchronization Signal,S-PSS);
- 侧行链路辅同步信号(Sidelink Secondary Synchronization Signal,S-SSS)。

5.2.7　调制和编码

调制和编码

下行链路支持 QPSK、16QAM、64QAM 和 256QAM 的调制方案(图 5.2.11)。

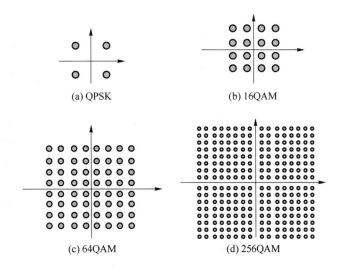

(a) QPSK

(b) 16QAM

(c) 64QAM

(d) 256QAM

图 5.2.11　调制方案星座图

上行链路,CP-OFDM 多址接入方案采用 QPSK、16QAM、64QAM 和 256QAM 的调制方案;基于 CP 的 DFT-s-OFDM 多址接入方案采用 $\frac{\pi}{2}$-BPSK、16QAM、64QAM 和 256QAM 的调制方案。

传输块的信道编码方案为准循环 LDPC 码,每个基图对应两个基图和 8 组奇偶校验矩阵。一个基图用于大于一定大小、初始传输码率高于阈值的代码块;否则将使用另一个基图。在进行 LDPC 编码之前,对于较大的传输块,将分割为多个大小相等的代码块。PBCH 和控制信息的信道编码方案是基于嵌套序列的极性编码,采用打孔、缩短和重复的方法进行速率匹配。

5.2.8　物理过程

物理过程

物理层包括以下物理过程。

1. 小区搜索

小区搜索是 UE 获取某小区的时间和频率同步,检测到这个小区的物理层小区标识(Physical Cell ID, PCI)的过程。

UE 接收主同步信号(PSS)和辅同步信号(SSS)来进行小区搜索。

具体物理过程如图 5.2.12 所示。

2. 功率控制

gNB 确定所需的上行传输功率,并向 UE 提供上行传输功率控制命令。UE 使用所提供的上行传输功率控制命令来调整其传输功率。通过上行功率控制决定了不同上行物理信道或信号的传输功率。

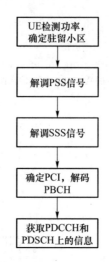

图 5.2.12 小区搜索过程

上行功率控制的具体物理过程如图 5.2.13 所示。

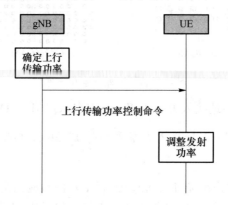

图 5.2.13 上行功率控制过程

对于下行功率控制,则采用 PDSCH 采用自适应调制和编码(Adaptive Modulation and Coding,AMC)方法进行。即 UE 将估计的信道状态反馈给用于自适应的 gNB,gNB 根据信道状态信息参考信号(Channel State Information Reference Signal,CSI-RS)的测量值估计下行信道状态,采用不同的调制方案和信道编码速率,并以此完成发送功率控制(Transmission Power Control)。

下行功率控制的具体物理过程如图 5.2.14 所示。

3. 上行定时控制

当接收到包含主小区(Pcell)或主辅小区(PSCell)定时提前组的定时提前命令时,UE 根据接收到的定时提前命令调整用于主小区或主辅小区的 PUCCH/PUSCH/SRS 信号的上行传输定时。

上行定时控制的具体物理过程如图 5.2.15 所示。

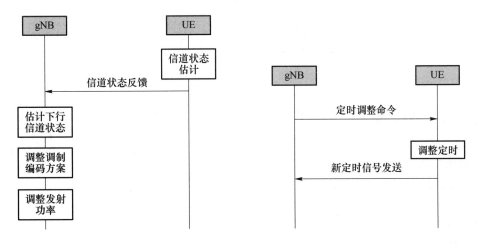

图 5.2.14　下行功率控制过程　　　　　图 5.2.15　上行定时控制过程

4. 随机接入

层 1 从高层接收一组 SS/PBCH 块索引,并向高层提供一组相应的参考信号接收功率 (Reference Signal Receiving Power,RSRP)测量值,然后开始随机接入过程。在启动随机接入过程前,物理层需要从高层得到以下信息:

- 物理随机接入信道的传输参数的配置(PRACH 前导码格式、时间资源和用于 PRACH 传输的频率资源)。
- 确定 PRACH 前导码序列集的根序列及其循环移位的参数(逻辑根序列表的索引、循环移位和集合类型(不受限制、受限制的集合 A 或受限制的集合 B))。

从物理层的角度来看,物理层的随机接入过程包括在 PRACH 中传输随机接入前导码 (Msg1)的发送、使用 PDCCH/PDSCH (Msg2)的随机接入响应(Random Access Response, RAR)消息的接收,以及在可用的情况下,传输 Msg3 PUSCH 和用于争用解决的 PDSCH。

随机接入的具体物理过程如图 5.2.16 所示。

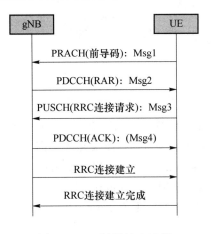

图 5.2.16　随机接入过程

任务三 5G 网络架构

5.3.1 5G 系统与接口

5G 系统与接口

1. 整体架构

整个系统结构沿用 LTE 扁平化网络架构,由下一代核心网(Next Generation Core,NGC)、下一代无线接入网(Next Generation-Radio Access Network,NG-RAN)和用户设备(User Equipment,UE)3 部分组成,如图 5.3.1 所示。

NR 中的节点包括两类:

- gNB:5G 基站,该节点为 5G 网络的用户面协议和控制面协议的终点;gNB 可以支持 FDD 模式、TDD 模式或者同时支持双模。
- NG-eNB:下一代 eNodeB,即升级后的 4G 基站,该节点为 E-UTRAN 用户面协议和控制面协议的终点。

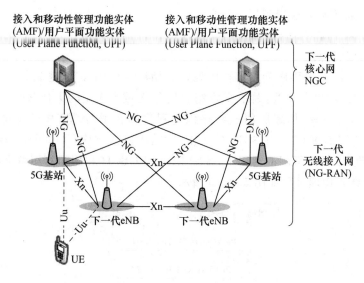

图 5.3.1 5G 系统整体架构

NR 中的接口包括 Xn 接口、NG 接口和 Uu 接口。gNB 和 NG-eNB 节点通过 Xn 接口相互连接。gNB 和 NG-eNB 节点通过 NG 接口连接到核心网 NGC,其中通过 NG-C 接口连接到接入和移动性管理实体(Access and Mobility Management Function,AMF),通过 NG-U 接口连接到用户平面功能实体(User Plane Function,UPF)。Xn 接口也根据传输信息的不同分为 Xn 用户平面 Xn-U 接口和 Xn 控制平面 Xn-C 接口。Uu 接口是连接 NG-RAN 与 UE 的空中接口。

2. 5G 节点功能

5G 系统架构各节点功能如下。

(1) gNB 和 NG-eNB 的功能

- 无线资源管理功能:无线承载控制、无线准入控制、连接移动性控制、上行链路和下行

　　链路资源的动态分配(调度);
- IP 报头压缩、加密和数据完整性保护;
- UE 接入时,如果无法从 UE 提供的信息确定到 AMF 的路由时的 AMF 选择;
- 用户平面数据到 UPF(s)的路由功能;
- 控制平面信息到 AMF 的路由功能;
- 连接建立和释放;
- 寻呼消息的调度和发送;
- 系统广播信息的调度和发送(源自 AMF 或 O&M);
- 移动性和调度的测量和测量报告配置;
- 上行链路上的传送级别分组标记;
- 会话管理;
- 网络切片支持;
- QoS 流管理和到数据无线承载的映射;
- RRC_INACTIVE 状态下的 UE 保持;
- 非接入层(Non-access Stratum,NAS)消息的分配;
- 无线接入网共享;
- 双重连接性;
- NR 与 E-UTRAN 紧密互操作功能。

(2) 接入和移动性管理实体 AMF 的功能
- NAS 信令终止;
- NAS 信令安全性;
- 接入层(Access Stratum,AS)安全性控制;
- 3GPP 接入网的 CN 节点间移动性信令;
- 空闲模式 UE 可达性(包括对寻呼消息重传的控制和执行);
- 登记区管理;
- 系统内和系统间的移动性支持;
- 接入认证管理;
- 接入授权,包括漫游权限检查的接入认证管理;
- 移动性管理控制(签署和策略);
- 网络切片支持;
- 会话管理功能实体(Session Management Function,SMF)的选择。

(3) 用户平面 UPF 的功能
- 用于无线接入类型(Radio Access Type,RAT)内部和不同无线接入类型之间的锚点(适用时);
- 数据网络互连的外部分组数据单元(Packet Data Unit,PDU)会话点;
- 分组路由和转发;
- 分组巡检和策略规则执行的用户平面部分;
- 业务使用情况报告;
- 支持至数据网络的业务路由功能的标识;
- 支持多宿主 PDU 会话的上行业务分支点;
- 用户平面的 QoS 处理,例如分组过滤、门限、UL/DL 速率执行;

- 上行业务验证(业务数据流(Service Data Flow,SDF)到 QoS 流的映射);
- 下行分组缓存和下行数据通知触发。

（4）会话管理功能(SMF)

- 会话管理;
- UE 的 IP 地址分配与管理;
- UP 功能的选择和控制;
- 在 UPF 配置业务导向,将业务引导到正确的目的地;
- 部分策略执行和 QoS 控制;
- 下行数据通知。

图 5.3.2 描述了 5G 系统架构的功能划分。

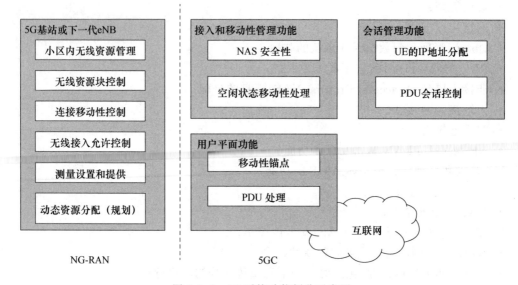

图 5.3.2 5G 系统功能划分示意图

3. 网络接口

（1）NG-U 接口

NG 用户平面 NG-U 接口是在 NG-RAN 节点和 UPF 之间定义的。NG-U 接口的协议栈如图 5.3.3 所示。

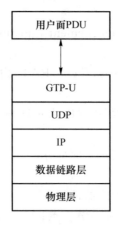

图 5.3.3 NG-U 接口协议栈

传输网络层建立在 IP 传输之上,在 UDP/IP 之上使用用户层面的 GPRS 隧道协议 GTP-U 将用户平面分组数据单元 PDU 在 NG-RAN 节点和 UPF 之间传输。

NG-U 在 NG-RAN 节点和 UPF 之间提供无保证的用户平面 PDU 传送。

(2) NG-C 接口

NG 控制平面 NG-C 接口定在 NG-RAN 节点和 AMF 之间。NG 接口的控制平面协议栈如图 5.3.4 所示。

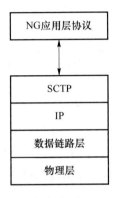

图 5.3.4　NG-C 接口协议栈

传输网络层建立在 IP 传输之上。为了可靠地传输信令消息,在 IP 之上添加了流控制传输协议(Stream Control Transmission Protocol,SCTP)。应用层采用 NG 应用层协议(NG Application Protocol,NGAP)。

SCTP 层提供了可靠的应用层消息传递。在传输中,采用 IP 层点对点传输来传输信令 PDU。

NG-C 提供以下功能:

- NG 接口管理;
- UE 上下文管理;
- UE 移动性管理;
- NAS 消息的传输;
- 寻呼;
- PDU 会话管理;
- 配置转移;
- 警告信息传输。

(3) Xn-U 接口

Xn 用户平面 Xn-U 接口定义在两个 NG-RAN 节点之间。Xn 接口上的用户平面协议栈如图 5.3.5 所示。

传输网络层建立在 IP 传输之上,在 UDP/IP 之上使用 GTP-U 来承载用户平面 PDU。

Xn-U 提供无保证的用户平面 PDU 传送,支持以下功能:

- 数据转发;
- 流控制。

(4) Xn-C 接口

Xn 控制平面 Xn-C 接口定义在 NG 或 NG-eNB 之间。Xn-C 接口协议栈如图 5.3.6

所示。

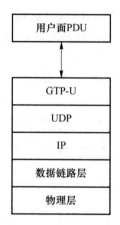

图5.3.5　Xn-U接口协议栈

传输网络层建立在IP之上的SCTP之上。应用层信令协议称为Xn应用协议（Xn-AP）。SCTP层提供了可靠的应用层消息传递。在传输IP层中，采用点对点传输来传输信令PDU。

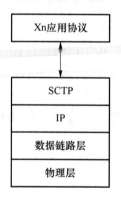

图5.3.6　Xn-C接口协议栈

Xn-C接口支持以下功能：

- Xn接口管理；
- UE移动性管理，包括上下文传输和RAN寻呼；
- 双连接。

4. SA与NAS组网架构

5G的组网架构分为NSA和SA两种模式。

SA（Standalone）为独立组网模式，传统2/3/4G网络均采用SA独立组网的架构。

NSA（Non-Standalone）为非独立组网模式，是为满足部分运营商快速部署5G的需求，5G标准引入的一种新的组网架构。

3GPP R15版本的第1期面向NSA，使用5G基站复用4G核心网的方式进行组网；第2期面向SA，即不再依赖4G核心网，而独立部署核心网。

按照独立部署和非独立部署划分，有Option 1至Option 7等多种组网架构。

（1）SA组网架构

5G可以独立工作，5G无线网与核心网之间的NAS信令（如注册、鉴权等）也可以通过4G

基站传递,包括 Option 2、Option 5 和 Option 4 系列(图 5.3.7)。

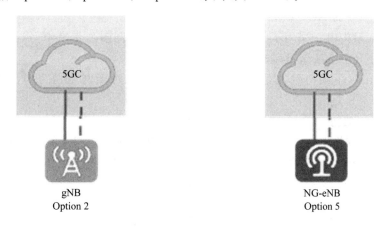

(a) SA 独立组网模式 1

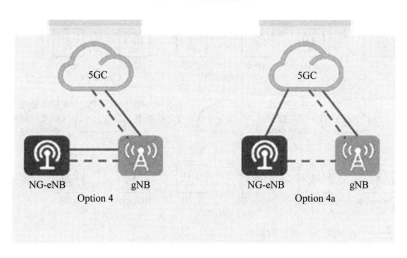

(b) SA 独立组网模式 2

图 5.3.7　SA 独立组网模式

Option 2 架构中,5G 核心网与 5G 基站通过 NG 接口直接相连,传递 NAS 信令和数据,5G 无线空口的 RRC 信令、广播信令、数据都通过 5G 基站通过 NR 空口直接传递。

与其对应的 Option 5 架构,NG-eNB 与 5G 基站通过 NG 接口直接相连。

终端连接方式方面,只接入 5G 或 4G(单连接),考虑终端产业实现难度,手机终端更容易在 NR 侧实现上行双发。

与 4G 互操作方面,采用类似 4G 与 3G/2G 跨核心网互操作模式。

业务支持能力方面,可使用 5G 核心网能力,支持端到端切片能力,为不同的业务提供差异化的服务,可支持增强型宽带业务和低时延业务,便于拓展垂直行业。

新增接口配置:NG 为 5G 基站 gNB 至 NGC 接口,类似于 4G 网络中的 S1 接口;Xn 为 gNB 间接口,类似于 4G 网络中的 X2 接口;N26 用于 4/5G 间互操作。

Option 4/4a 架构中,融合的锚点在 NR 上,最终融合到 5G 的 NGC 中,是 5G Standalone 的一个变化,和 Option 2 的主要区别在于 Option4/4a 能够将现有大规模的 LTE eNB 利用起来。

Option 4 融合的层面在于 4G 无线网和 5G 无线网融合，Option 4a 是在 4G 无线网增加 1A-LIKE 接口与 5G 的 NGC 核心网。

Option 4/4a 架构由于采用了支持 5G NR 和 LTE 的双连接，带来 4G eLTE 的流量增益，采用了新的 5G NR 和 NGC，可以支持 5G 新功能、新业务。

然而，Option 4/4a 架构引入了与 4G 的互操作，需要对现网 LTE 进行改造，对现有的 LTE eNB 升级。

（2）NSA 组网架构

非独立部署的网络架构中，5G 依附于 4G 基站工作的网络架构，5G 无线网与核心网之间的 NAS 信令（如注册、鉴权等）通过 4G 基站传递，5G 无法独立工作。其中主要有 Option 3/3a/3x 和 Option 7/7a/7x 等结构，如图 5.3.8 所示。

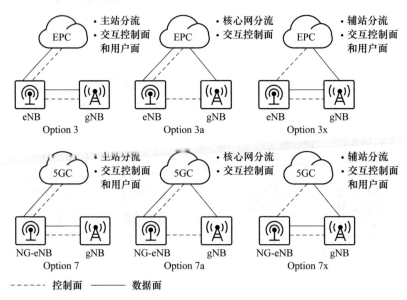

图 5.3.8　NSA 组网模式

① Option 3/3a/3x 架构

Option 3/3a/3x 架构锚点在 4G LTE 上，最终融合到 4G 的 EPC 中。

Option 3 融合的锚点在 4G 无线网，5G 无线网通过 4G LTE 网络融合到 4G 的核心网；Option 3a 是终端通过 4G 空口接入 4G 核心网，数据分流点在 LTE EPC，在 5G 无线网增加 1A 接口与 4G 核心网融合；Option 3x 是终端通过 4G 空口接入 4G 核心网，数据分流点在 NR gNB 和 EPC。

Option 3/3a/3x 架构是在原有 4G 覆盖基础上增加了 5G NR 新覆盖，但控制面依然经过 LTE，继承了原有的 4G 覆盖，因此对 NR 覆盖没有要求，不需要连续覆盖，在网络建设初期网络投资小，建设速度快，由于有原有的 4G 网络做基础，语音业务连续性有保证，对网络的改动小。

② Option 7/7a/7x 架构

Option 7/7a/7x 架构采用 5G 核心网，锚点仍在 LTE 上，最终融合到 5G 的 NGC 中。

Option 7 融合的锚点在 4G LTE 网络上，5G 无线网络通过 4G LTE 网络融合到 5G 的 NGC；Option 7a 是在 5G 无线网增加 1A-LIKE 接口与 5G 的 NGC 融合；Option 7x 是终端通

过控制面空口接入 5G 的 NGC,数据分流点在 NR gNB 和 NGC。

Option 7/7a/7x 架构是在原有 4G 覆盖基础上增加了 5G NR 新覆盖,控制面依然经过 LTE,因此对 NR 覆盖没有要求,不需要连续覆盖,在网络建设初期网络投资小,建设速度快,由于有原有的 4G 网络做基础,语音业务连续性有保证,对网络的改动小。

Option 7/7a/7x 架构由于也采用了支持 5G NR 和 LTE 的双连接,带来 4G eLTE 的流量增益,与 Option 3/3a、Option 4/4a 相比都实现了流量增益,但 Option 7/7a 架构采用了新的 5G NR,也引入了新核心网 NGC,可以支持 5G 新功能新业务。

Option 7/7a/7x 架构与 Option 3/3a 架构相比,继承了原有的 4G 覆盖,同时具有 Option 3/3a 架构的优势。Option 7/7a/7x 架构与 Option 4/4a 架构相比,引入了新核心网 NGC,实现了 5G 新功能、新业务,同时具有 Option 4/4a 架构的优势。

5.3.2　5G 协议栈

5G 协议栈

5G 协议栈根据用途分为用户平面协议栈和控制平面协议栈。3GPP 协议 23.501 详细说明了 5G 系统结构中各实体,如 UE 和 5G 核心网 (5GC)之间、5G 接入网(5G-AN)和 5G 核心网(5GC)之间,以及 5G 核心网(5GC)之间的协议栈。

1. 控制面协议栈

控制面协议栈主要包括接入网和核心网之间的控制面协议栈、UE 和核心网之间的控制面协议栈、核心网各功能实体之间的控制面协议栈,以及 UE 与非 3GPP 接入之间的控制面协议栈等。

在本节,主要介绍接入网和核心网之间的控制面协议栈、UE 和核心网之间的控制面协议栈。

(1) 5G 接入网(5G-AN)和 5G 核心网(5GC)之间的控制面协议栈

5G 接入网(5G-AN)与 5G 核心网(5GC)之间的控制平面接口支持以下功能:

- 通过独特的控制平面协议,将多种不同类型的 5G 接入网(如 3GPP 无线接入网、非 3GPP 互联功能(Non-3GPP InterWorking Function,N3IWF)接入对 5GC 的不可靠访问)连接到 5G 核心网(5GC),3GPP 访问和非 3GPP 访问均使用单一应用层信令 (NGAP)协议;
- 对于某给定的 UE,不论 UE 的 PDU 会话次数为多少(可能为零),接入和移动性管理功能(AMF)都有一个唯一的 N2 终止点。

接入和移动性管理功能(AMF)与其他功能(如会话管理功能 SMF)之间的解耦,可能需要控制 5G-AN 支持的服务(例如控制一个 PDU 会话的 5G-AN 中的 UP 资源)。为此目的,NGAP 可能支持 AMF 只负责在 5G-AN 和 SMF 之间进行中继的信息。

接入网与 AMF 实体之间的控制平面协议栈如图 5.3.9 所示。

注意:下一代应用协议(NG Application Protocol,NG-AP)为 5G-AN 节点与接入和移动性管理功能之间的协议;流媒体控制传输协议(Stream Control Transmission Protocol,SCTP)保证了 AMF 和 5G-AN 节点之间的信令信息传送。

接入网与 SMF 实体之间的控制平面协议栈如图 5.3.10 所示。

注意:N2 移动管理信息(N2 SM information)为 NG-AP 信息的子集,通过 AMF 在 5G-AN 和 SMF 之间透明传输,包含在 NG-AP 消息和 N11 消息中。

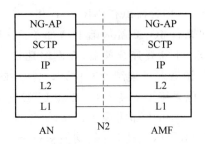

图 5.3.9　AN-AMF 之间的控制平面协议栈

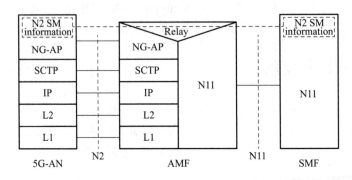

图 5.3.10　AN-SMF 之间的控制平面协议栈

（2）UE 和 5G 核心网（5GC）之间的控制面协议栈

UE 和 5G 核心网（AMF 除外）之间需要通过非接入层移动性管理（NAS-MM）层传输的信令主要为会话管理信令（Session Management Signalling，SMS）。

UE 与 AMF 实体之间的控制平面协议栈如图 5.3.11 所示。

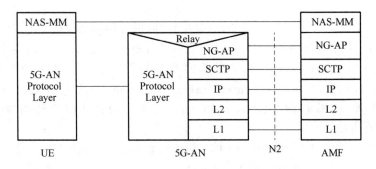

图 5.3.11　UE-AMF 之间的控制平面协议栈

注意：非接入层移动性管理（NAS-MM）为用于移动性管理 MM 功能的 NAS 协议，支持注册管理功能、连接管理功能和用户平面连接激活和禁用。它还负责 NAS 信号的加密和完整性保护。

非接入层会话管理 NAS-SM 支持处理 UE 和 SMF 之间的会话管理。

SM 信令消息在 UE 和 SMF 的 NA-SM 层中操作，操作的过程包括创建和处理。SM 信令消息的内容对于 AMF 是透明的。

NAS-MM 层对 SM 的处理包括：

- SM 信令的发送：NAS-MM 层创建一个 NAS-MM 消息，包括安全性报头、SM 信令的 NAS 传输指示、接收 NAS-MM 以获取将 SM 信令消息如何转发以及转发到何处的附加信息。

- SM 信令的接收:接收到的 NAS-MM 处理消息的 NAS-MM 部分,即执行完整性检查,并解释如何以及在何处导出 SM 信令消息的附加信息。

SM 消息部分应包括 PDU 会话 ID。

UE 与 SMF 实体之间的控制平面协议栈如图 5.3.12 所示。

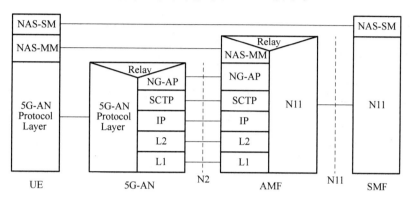

图 5.3.12　UE-SMF 之间的控制平面协议栈

注意:非接入层会话管理 NAS-SM 为用于会话管理 SM 功能的 NAS 协议,支持用户平面 PDU 会话的建立、修改和发布。它通过 AMF 传输,对 AMF 透明。

2. 用户面协议栈

用户面协议栈主要包括 PDU 会话相关的用户面协议栈和非 3GPP 接口的用户面协议栈。

（1）PDU 会话相关的用户面协议栈

PDU 会话相关的用户面协议栈包括 PDU 子层、GTP-U 协议子层、5G 接入网协议子层以及 5G 用户面封装子层等协议层。其中 PDU 子层对应于 UE 和 DN 之间传输的 PDU 会话,其 IP 协议版本与 PDU 会话的 IP 协议版本一致,如果 PDU 会话类型为以太网,则 PDU 子层采用以太网帧结构。GTP-U 协议子层采用用户面 GPPS 隧道协议,该协议支持不同 PDU 会话的多路传输,并且将所有终端用户 PDU 进行封装。5G 接入网协议子层与接入网相关,根据接入网是否为 3GPP 接入网采用不同的协议接口。5G 用户面封装子层支持不同 PDU 会话通过 N9 参考点的多路传输,它提供了每个 PDU 会话级别的封装,同时还带有 QoS 标记。

PDU 会话相关的用户面协议栈如图 5.3.13 所示。

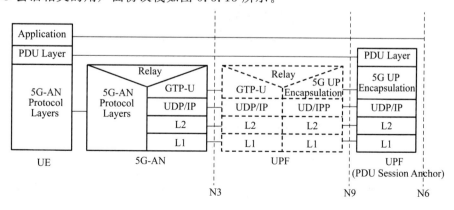

图 5.3.13　PDU 会话相关的用户面协议栈

（2）非 3GPP 接口的用户面协议栈

非 3GPP 接口的用户面协议栈如图 5.3.14 所示。

其中 N9 接口可能是 PLMN 内部或者 PLMN 之间的接口，针对不同的 PDU 会话锚点，可以有多个 N9 接口分路支持上行链路分级器（Uplink Classifier，UL CL）。UDP 可以用于 IPSec 层以下支持网络路由的转换。

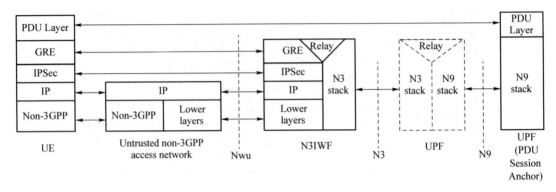

图 5.3.14　非 3GPP 接口的用户面协议栈

5.3.3　5G 无线接入网

5G 无线接入网

5G 基站 gNB 分为 CU 和 DU 两个功能实体（图 5.3.15）：

- CU（Centralized Unit，集中单元）：承担 RRC/PDCP 层功能；实时性要求较低，可采用虚拟化技术，采用通用处理平台。
- DU（Distributed Unit，分布单元）承担 RLC/MAC/PHY 层功能；需要较高的实时性，与传统 BBU 类似，将采用专用硬件平台，支持高密度数学运算能力。

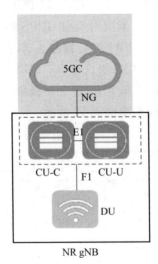

图 5.3.15　NR gNB 的逻辑架构

在实际的网络部署中，根据不同的网络应用场景，可以采用不同的部署方案。CU/DU 的部署如图 5.3.16 所示。

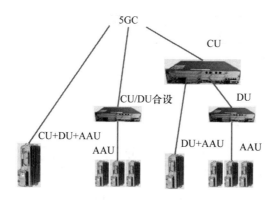

图 5.3.16　CU/DU 部署实体形态示意图

5G 灵活的架构带来了组网的灵活性,可依据不同业务对时延不同,CU/DU 部署位置灵活:

- 对于时延要求较高的 uRLLC 业务,CU/DU 可同位置部署;
- 对于 eMBB 和 massive IoT 业务,CU、DU 可以根据现网光纤资源情况灵活部署。

CU/DU 连接方案如图 5.3.17 所示。

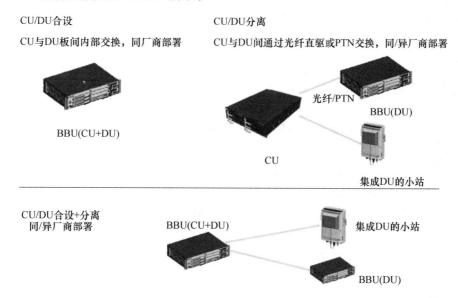

图 5.3.17　CU/DU 连接方案

5.3.4　5G 核心网

5G 与 4G 核心网的根本区别在于:基于服务的架构/控制面和转发面完全分离。

5G 网络引入服务化功能设计,实现网络功能的灵活定制和组合;核心网通过控制和转发理念,降低简化用户面,实现高效转发。

5G 核心网的服务化架构如图 5.3.18 所示。

架构中的各个实体功能如下:

5G 核心网

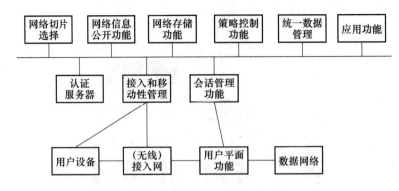

图 5.3.18　5G 核心网服务化架构

（1）认证服务器功能（Authentication Server Function，AUSF）。

（2）接入和移动性管理功能（Access and Mobility Management Function，AMF）。

在单一的 AMF 实体中可以包括以下一种或全部功能。

- RAN-CN 控制面 N2 接口信令终结点。
- UE-CN N1 接口的 NAS 信令终结点，NAS 信令加密和完整性保护。
- 接入鉴权。
- 接入授权。
- 注册管理。
- 连接管理。
- 可达性管理。
- 移动性管理。
- 合法监听（提供 LI 系统的接口监听 AMF 事件）。
- 传输 UE 和 SMF 之间的会话管理 SM 消息。
- 路由会话管理 SM 消息的透明代理。
- 传输 UE 和 SMSF 之间的 SMS 消息。
- TS 33.501 ［29］中规定的安全锚定功能（SEAF）。
- 位置服务管理。
- 传输 UE 和 LMF 之间及 RAN 和 LMF 之间的位置服务消息。
- 分配与 EPS 互通的 EPS 承载 ID。
- UE 移动性事件通知。

（3）数据网络（Data Network，DN）功能。

- 运营商服务。
- 互联网接入或第三方服务等。

（4）网络信息公开功能（NEF）。

- 能力和事件的开放。
- 为外部应用程序给 3GPP 网络提供信息进行安全保障。
- 内部-外部信息的翻译。
- 从网络功能接收信息，存储到 UDR，可以由 NEF 访问并"重新开放"给其他 NF 和 AF 以用于其他目的。
- 支持数据包流描述（Packet Flow Descriptions，PFD）功能。NEF 中的 PFD 功能可以

在 UDR 中存储和检索 PFD 并提供给 SMF，且支持 TS 23.503 [45]中描述的 Pull 模式（应 SMF 请求提供）和 Push 模式（应 NEF PFD 管理请求提供）。

（5）网络存储功能（Network Repository Function，NRF）。

在 NRF 中维护的 NF 实例的 NF Profile 包括以下信息：

- NF 实例 ID。
- NF 类型。
- PLMN ID。
- 网络切片相关标识符，如单个网络切片选择协助信息（Single Network Slice Selection Assistance Information，S-NSSAI）、网络切片实例标识符（Network Slice Instance ID，NSI ID）。
- NF 的全限定域名（Fully Qualified Domain Name，FQDN）或 IP 地址。
- NF 容量信息。
- NF 特定服务授权信息。
- 支持的服务的名称（适用时）。
- 每个支持的服务实例的终止点地址。
- 存储的数据/信息的识别信息。

（6）网络切片选择功能（Network Slice Selection Function，NSSF）。

- 选择为 UE 服务的网络切片实例组。
- 确定允许的网络切片选择协助信息（Network Slice Selection Assistance Information，NSSAI），必要时，同时确定允许的、到签约的 S-NSSAI 的映射。
- 确定已配置的 NSSAI，必要时，确定到已订阅的 S-NSSAI 的映射。
- 确定可用于服务 UE 的 AMF 组，或者通过查询 NRF 来确定候选 AMF 的列表。

（7）策略控制功能（Policy Control Function，PCF）。

策略控制功能包括以下几项：

- 支持统一的策略框架来管理网络行为。
- 为控制平面（CP）功能提供策略规则以便执行。
- 访问统一数据存储（UDR）中与策略决策相关的签约信息。

（8）会话管理功能（Session Management Function，SMF）。

会话管理功能包括以下几项：

- 会话管理，包括会话的建立、修改和释放。
- UE IP 地址分配和管理。
- DHCPv4（服务器和客户端）和 DHCPv6（服务器和客户端）功能。
- 选择和控制 UPF。
- 在 UPF 配置流量导向，将流量路由到正确的目的地。
- 与策略控制功能（PCF）间接口的信令终结点。
- NAS 信令的 SM 部分的终结点。
- 合法监听（提供 LI 系统的接口监听 SM 事件）。
- 计费数据收集和支持计费接口。
- 控制和协调 UPF 的收费数据收集。
- 特定 SM 信息的发起者，经 AMF 通过 N2 接口发送到 AN。

- 决定会话和服务连续性模式（SSC Mode）。
- 支持漫游相关功能。
- IETF RFC 1027［53］中定义的地址解析协议代理（Address Resolution Protocal proxying，ARP proxying）及 IETF RFC4861［54］中定义的 IPv6 邻居请求代理（IPv6 Neighbour Solicitation Proxying）功能。

（9）统一数据管理（Unified Data Management，UDM）。

- 生成 3GPP 身份验证和密钥协商协议（Authentication and Key Agreement，AKA）身份验证凭据。
- 用户识别信息处理（例如 5G 系统中每个用户的用户永久标识（Subscription Permanent Identifier，SUPI）的存储和管理）。
- 支持对用户隐藏标识（Subscription Concealed Identifier，SUCI）的解密。
- 基于签约数据的接入授权（例如漫游限制）。
- UE 的服务 NF 注册管理（例如，为 UE 存储服务 AMF 信息，为 UE 的 PDU 会话存储服务 SMF 信息）。
- 为服务/会话的连续性提供支持，例如为正在进行的会话保持指派的 SMF/DNN（Data Network Name，数据网络名称）。
- 终端接收短消息（Mobile Terminated-SMS，MT-SMS）投递支持。
- 合法接听功能（特别是在国际漫游情况下，UDM 是位置信息（Location Information，LI）的唯一连接点）。
- 签约管理。
- SMS 管理。

（10）用户平面功能（User Plane Function，UPF）。

用户平面功能包含以下几项：

- RAT 内或跨 RAT 场景下移动性锚点。
- 与数据网络互连的 PDU 会话点。
- 数据包路由和转发。
- 数据包检测（Deep Packet Inspection，DPI）。
- 用户面部分的策略实施，例如门控、重定向、流量导向。
- 合法监听（用户面数据收集）。
- 流量使用报告。
- 用户面 QoS 处理，例如 UL/DL 速率控制。
- 上行流量验证（SDF 到 QoS Flow 的映射）。
- 上行链路和下行链路中的传输级数据包标记。
- 下行数据包缓冲和下行数据通知触发。
- 将一个或多个"结束标记"发送/转发到源 NG-RAN 节点。
- IETF RFC 1027［53］中定义的 ARP proxying 及 IETF RFC4861［54］中定义的 IPv6 Neighbour Solicitation Proxying 功能。

（11）应用功能（Application Function，AF）。

应用功能与 3GPP 核心网络互操作，以提供服务，可以支持以下功能：

- 在业务寻路时的应用影响。
- 接入网络公开功能。

- 与策略控制的策略框架互操作。
- 基于运营商的部署方案，应用功能可以由运营商设置由可信的应用功能直接与相关的网络功能互操作。
- 运营商不允许直接访问网络功能的应用程序功能应能使用外部公开框架通过网络功能与相关网络功能进行交互。

除了图 5.3.18 中的各种网络功能之外，5G 还引入了其他的网络实体来完成相应的功能。

(1) 非结构化数据存储功能(Unstructured Data Storage Function，UDSF)：支持任何非结构化数据的存储和检索。

非结构化数据是指数据结构不规则或不完整，没有预定义的数据模型，不方便用数据库二维逻辑表来表现的数据。5G 引入 UDSF 用来存储非结构化数据，允许任何网络功能在其中存储和检索，其网络架构如图 5.3.19 所示。

图 5.3.19　UDSF 架构示意图

(2) 统一数据存储(Unified Data Repository，UDR)。

统一数据存储支持以下功能：

- 统一数据管理对订阅数据的存储和检索。
- 策略控制功能对策略数据的存储和检索。
- 网络信息公开功能对公开的结构化数据进行存储和检索，以及应用程序数据(包括用于应用程序检测的数据包流描述、用于多个 UE 的应用程序请求信息)。

5G 系统架构允许统一数据管理功能(UDM)、策略控制功能(PCF)和网络信息公开功能(NEF)在 UDR 中存储数据，其系统架构如图 5.3.20 所示。

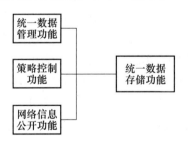

图 5.3.20　统一数据存储功能系统架构示意图

涉及 5G 网络安全要求的网络功能实体还有 5G 设备标识寄存器 5G-EIR 和安全边缘保护代理 SEPP，主要完成设备认证和互联互通的网络安全功能。

(1) 5G 设备标识寄存器(5G-EIR)。

5G-EIR 存储着移动设备的国际移动设备识别码(IMEI)，支持检查永久设备标识(Permanent Equipment Identifier，PEI)的状态，如检查它是否被列入黑名单。

(2) 安全边缘保护代理(Security Edge Protection Proxy，SEPP)。

安全边缘保护代理支持消息过滤和管理的内部 PLMN 控制平面接口，SEPP 作为运营商核心网控制面之间的边界网关。所有跨运营商的信息传输均需要通过该安全网关进行处理和转发。

5G 传送网

5.3.5　5G 传送网

不同于 4G,5G 的高带宽和低时延业务要求网关下移到地市核心和边缘,业务流量模型不再像 4G 集中在省中心,5G 核心网与 Internet 的互通节点可能从省中心下移到地市中心甚至地市边缘,这样会造成无线接入回传网被大大压缩,而核心网随着业务逐步下移而大大拓展,其业务模型将是以数据中心(Data Center,DC)为中心的组网,部分业务形成"大核心,小接入"。

5G 传送网在网络架构、灵活连接、带宽、时延、同步等方面的需求有巨大变化;5G 传送网组网技术将会更新演进、网络架构重构、基础资源需求大大提升。

下一代前传网络接口(Next Generation Fronthaul Interface,NGFI)是指下一代无线网络主设备中基带处理功能与远端射频处理功能之间的前传接口。

NGFI 是一个开放性接口,至少具备两大特征:一方面是重新定义了基带处理单元(Base Band Unit,BBU)和远端射频模块(Remote Radio Unit,RRU)的功能,将部分 BBU 处理功能移至 RRU 上,进而导致 BBU 和 RRU 的形态改变,重构后分别重定义名称为无线云中心(Radio Cloud Center,RCC)和射频拉远系统(Radio Remote System,RRS);另一方面是基于分组交换协议将前端传输由点对点的接口重新定义为多点对多点的前端传输网络。此外,NGFI 至少应遵循统计复用、载荷相关的自适应带宽变化、尽量支持性能增益高的协作化算法、接口流量尽量与 RRU 天线数无关、空口技术中立 RRS 归属关系迁移等基本原则。NGFI 不仅影响了无线主设备的形态,更提出了对 NGFI 承载网络的新需求。

NGFI 前传网络连接 RRS 和 RCC(图 5.3.21)。其中,远端射频系统 RRS 包括天线、RRU 以及传统 BBU 的部分基带处理功能:射频聚合单元(Radio Aggregation Unit,RAU)等功能。远端功能应部署在现有无线站址位置,对应功能的作用区是当前宏站的覆盖区域以及以宏站为中心拉远部署的微 RRU 和宏 RRU 的覆盖区域。无线云中心 RCC 包含传统 BBU 除去 RAU 外的剩余功能、高层管理功能等,由于是多站址下的多载波、多小区的功能集中,从而形成了功能池,这一集中功能单元的作用区域应包括所有其下属的多个远端功能单元所覆盖的区域总和。相比扁平化的 LTE 网络设计,引入基带集中单元,并非引入一个高层级的网元,而仅是在考虑未来更高等级的协作化需求引入的基础上,进行 BBU/RRU 间的形态重构,并不影响扁平化网络结构。

NGFI 接口实现了连接 RRS 和 RCC 的功能,即重新划分完成后的 BBU 与 RRU 间接口。其接口能力设计指标定义需考虑 BBU/RRU 功能重构后对带宽、传输时延、同步的要求。

NGFI 相比较传统 CPRI 接口,对运营商组网而言将会从几个方面带来显著的优势:

- NGFI 利用了移动网络的业务潮汐效应,实现统计复用,提升了传输效率,降低了对前传网络的成本压力。
- NGFI 大幅降低了 RCC-RRS 传输接口带宽,在保持 RCC/RRS 分离结构的基础上,有利于多天线技术的实现,易于 RCC 集中化部署并实现无线网络协作化功能,从而满足未来无线网络架构的发展需求。
- NGFI 基于以太网传输,因此在建设运维上,可以利用已有传输网络结构,借助以太网传输技术实现灵活的组网,可靠且运维界面清晰。同时易于实现统计复用,更好地支

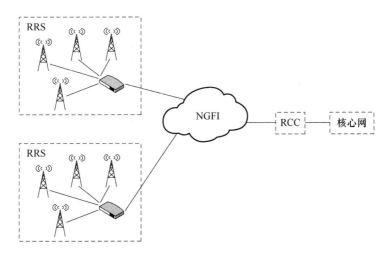

图 5.3.21　基于 NGFI 的 C-RAN 网络架构

持保护功能。另外,通过以太网的灵活路由能力,可更好地支持不同运营商之间的前传网络共建共享,节约网络基础资源。

- 更易于实现前传和后传网络共享。
- 易于实现网络虚拟化,更好地支持 RAN 共享和业务定制要求。

在 NGFI 引入时,需要在一定程度上增加 RRU 侧的复杂度以支持 NGFI 协议,主要体现在如下几个方面:

- 将部分无线协议栈功能及算法处理功能移至 RRU 侧实现。
- 增加了时钟同步模块,实现了 1588v2/SyncE。
- 扩充了现有 BBU-RRU 点对点连接方式,考虑前传网络组网的需求,需将每一个 RRS 看作一个网元,额外增加对 RRS 的管理功能。

如果在设备实现时,将 RAU 与原有 RRU 进行功能整合,形成一体化 RRS,在将部分基带处理功能移到 RRS 侧时会增加 RRS 的热耗散,对 RRS 的体积和重量会带来较大的影响。按照目前 RRS 散热能力估算,在高温极限时,热容积每单位体积的散热量大致为 15 W/L,即每增加 15 W 的功耗,相比原有 RRU,估计会使 RRS 体积增加 1 L,相应地 RRS 重量会增加 1 kg 左右。

在部署 NGFI 时,需要考虑其对现有传输网络的影响。支持 NGFI 的传输设备应该具有较大带宽、低时延、低抖动、支持高时间同步精度、低成本、高集成度等特性。网络需要考虑丢包率、时延、时延抖动等参数。不同的功能划分方案对 NGFI 网络传输丢包率、时延和时延抖动等的要求是不同的。并且在某一划分方案下不同类型的数据对 NGFI 网络传输丢包率、时延和时延抖动等的要求也是有差异的。例如,根据丢包率指标要求,应该避免 NGFI 的无线前传网络流量拥塞,如支持 QoS;为控制时延,对 NGFI 的无线前传网络的传输距离和跳数有一定限制;同时尽量减小时延抖动。

由于 NGFI 的组网需求与目前回传网络的需求差别很大,利用现有的回传网络实现 NGFI 数据的传输面临很大的挑战。以中国移动目前采用的分组传送网(Packet Transport Network,PTN)技术为基础的传输承载网络为例,PTN 强调全程全网,业务的组织有可能需要跨越数十甚至上百千米,网络覆盖面积广,业务传送距离远。接入设备和 BBU 站点尽量采用共站方式。PTN 网络同时为移动回传和大客户租线业务服务。但是 NGFI 的组织方式和 Backhaul 有较大的不同。首先，NGFI 网络是以 BBU 资源池为核心展开的，业务覆盖面积小，传送距离短，可以在水平方向分割成若干独立的小岛，业务互不纠缠。其次，RRU 站点的分布数量多，间距近，不一定有接入机房，和现有的 PTN 接入机房，互相重合较小。因此，从网络架构和分布上决定了无法完全重用现有的 PTN 网络，需要在部署时重新建设。

在中国移动研究院发布的《下一代前传网络接口（NGFI）白皮书》中，NGFI 的主要应用场景在于：

1. 综合业务接入区

综合业务接入区场景下的 NGFI 应用是指以综合业务接入区为单位，对区内的分布式基站，利用接入区内原有的环形光缆网连接 RCC 和远端 RRS，实现 BBU 的集中部署，原有光缆网承载 NGFI 接口数据。其中，一个环上的宏站站点为 6～8 个，每个站点通常为 S2/2/2（即 3 个小区，每个小区 2 个载波）配置，但在未来业务量增长的情况下，可升级为 S3/3/3 配置。另外，RCC 集中点和远端 RRS 的传输距离一般不超过 20 km。

2. 室分系统部署

在室分系统部署中，利用楼内预先部署的丰富网线资源承载 NGFI 接口数据，实现 RCC 与拉远 RRS 间的通信。RRS 规模视具体场景，可在十几个乃至几十个，甚至上百个。

3. 以宏站机房为集中点的末端集中部署

此场景是为了满足容量需求，在业务量密集区域，将 RCC 集中放置在宏站机房，采用微站 RRS 拉远覆盖，提供容量保证，二者之间采用光纤直驱或者利用已有接入网管线进行连接，其中 RRS 可通过级联以节约缆线资源。宏站采用典型 S3/3/3 配置，微站一般为 2 天线全向覆盖。宏微站的比例一般在 1∶3 到 1∶6 之间，但在业务量极其密集的情况下，宏站和微站比例可达 1∶9 甚至更高。距离上，宏微站之间一般为几千米。

在 5G 时代，为满足广覆盖和高速率的要求，将需要更密集的小站部署，并支持不同制式的异构网，如 5G/4G 异构、4G/Wi-Fi 异构、5G/4G/Wi-Fi 异构。小站的控制需要集中在宏站，小站的数据需要通过宏站汇聚。NGFI 网络能提供小站到宏站的汇聚功能，动态地调整小站传输网络配置。

习题与思考

1. 简述 5G 网络逻辑视图的 3 个功能平面。
2. 简述 5G 网络架构设计的逻辑分级。
3. 简述 SDN 的概念和优势。
4. 简述 NFV 的概念和优势。
5. 简述层 1 到层 3 各层的概念和功能。
6. 列出 5G 所支持的时隙长度。
7. 列出 5G 的上下行物理信道。
8. 列出 5G 的上下行传输信道。
9. 列出 5G 的上下行逻辑信道。

10. 列出 5G 所定义的上下行物理信号及其功能。

11. 列出 5G 所采用的调制方式和编码方式。

12. 简述 5G 的小区搜索过程。

13. 简述 5G 系统结构各节点及其功能。

14. 列出 5G 接入网与 5G 核心网之间的控制平面接口协议栈中各协议。

15. 列出 5G CU/DU 设置的可行方案。

16. 简述 5G 核心网的服务化架构中 NSSF 实体的功能。

17. 简述下一代前传网络的概念。

项目六 5G 网络中的人工智能技术

【项目说明】

分析 5G 使能人工智能的场景和领域，论述 5G 网络结构和网络建设运营中的人工智能技术应用，理解新时代 5G 和人工智能互相促进、互为补充的关系。

【项目内容】

- 5G 网络使能人工智能技术
- 人工智能技术赋能 5G

【知识目标】

- 了解人工智能技术的概念和基本流派；
- 理解 5G 网络垂直应用；
- 掌握 5G 使能人工智能的应用；
- 掌握人工智能在 5G 网络建设和运维中的应用。

任务一 5G 网络使能人工智能技术

6.1.1 人工智能技术的概念

人工智能技术
的概念

现代人工智能技术的起源公认为 1956 年的达特茅斯会议。其最主要成就是使人工智能成为一个独立的研究学科。人工智能英文名称为"Artificial Intelligence"，达特茅斯会议提出的关于人工智能的目标是："制造一台机器，该机器可以模拟或者学习智能的所有方面，只要这些方面可以精确描述"，目前常用的人工智能的专业的定义为"人工智能是关于知识的科学"。其中"知识的科学"就是研究知识的表示、知识的获取和知识的运用。

一般来说，人工智能的研究是以知识的表示、知识的获取和知识的运用为目标的，这就使人工智能技术相对于其他学科而言，更具有普适性、迁移性和渗透性。如果将人工智能的知识应用于某一特定领域，即所谓的"AI＋某学科"。掌握人工智能知识已经不仅仅是对人工智能研究者的要求，也是时代的要求。

人工智能是要研究如何定义知识，知识的基本单位是概念。精通掌握任何一门知识，必须从这门知识的基本概念开始学习。而知识本身也是概念。由此人工智能的问题就变成了如下的三个问题：如何定义（或表示）一个概念、如何学习一个概念、如何应用一个概念。经典概念的定义分为三部分，第一部分为概念的符号表示，即概念的名称、说明这个概念叫什么，简称概念名；第二部分是概念的内涵表示，由命题来表示，命题就是能判断真假的陈述句；第三部分是概念的外延表示,由经典集合来表示,用来说明与概念对应的实际对象是哪些。这三部分定义分别具有其各自的作用,且彼此之间不能互相代替,代表了三个功能。

第一个功能是概念的指物功能,即指向客观世界的对象,专注于该功能研究的流派即为行为主义流派。行为主义建设指南取决于感知和行动,不需要知识、表示和推理,只要能实现指物功能就可以认为具有智能了,如波士顿动力公司的人形机器人、美国军方的大狗机器人等。

第二个功能是概念的指心功能,即指向人心智世界里的对象,代表心智世界里面的对象表示,专注于该功能研究的流派即为连接主义流派。连接主义认为大脑是一切智能的基础,关注大脑神经元及其连接机制。例如,采用深度学习技术的AlphaGo战胜了李世石,深度学习研究成就已经取得了工业级的进展。

第三个功能是概念的指名功能,即指向认知世界或者符号世界表示对象的符号名称,这些符号名称组成各种语言。专注于该功能研究的流派即为符号主义流派。符号主义认为,只要在机器上是正确的,现实世界就是正确的。其最重要的成绩就是专家系统和知识工程,最著名的图灵测试就是对符号系统的假设。

现在的人工智能研究已经不再强调遵循人工智能的单一学派,而是会综合多个流派的技术。在目前物联网、大数据和云计算的助力下,人工智能技术飞速发展。

物联网带来的应用场景使得人工智能技术可以随时随地连接网络而不用考虑由于其自身运动和复杂任务而带来的网络布线困难。

大数据通过对海量数据的存取和统计、智能化地分析和推理,并经过机器的深度学习后,可以有效推动人工智能认知技术的发展。

云计算使人工智能可以在云端随时处理海量数据,如目前的云机器人系统就可以利用无线传感、网络通信和云计算理论的进一步综合发展,其研究成熟化,并扩展了人工智能的应用领域。

6.1.2　5G垂直应用

ITU为5G定义了增强移动宽带(eMBB)、海量机器通信(mMTC)、超高可靠性与超低时延业务(uRLLC)三大应用场景。实际上不同行业往往在多个关键指标上存在差异化要求。以中国电信公司提出的"5G＋"垂直落地场景应用为例,其主要的应用场景如表6.1.1所示。

5G 垂直应用

表 6.1.1　5G 主要垂直行业应用场景

5G 垂直行业应用	场景说明	网络支持要求
智慧警务	实现无人机高空巡逻、摩托车沿路巡逻和云联动指挥等场景应用	通过5G网络支持智能设备、人工智能技术、云计算以及三维大数据可视化的融合
智慧交通	实现高清视频回传、4K视频远程互动、远程移动空中交通指挥,以及云网融合等场景,解决现有许多交通问题	根据5G网络高带宽、低时延的特性,及时回传道路数据,路-网协调管理
智慧生态	实现生态环境治理的立体化监控、智能化分析和全联动治理,以提升治理水平	通过5G网络支持生态治理的大规模监控点接入,提供智能操控平台和高清全景实时回传视频

5G 垂直行业应用	场景说明	网络支持要求
智慧党建	通过信息化手段丰富党建教学方式,使设备无线化,采用 VR 教学和高清视频等方式,优化用户体验,提升教学效果	通过 5G 网络大带宽支持云端 VR 教学和高清视频,VR 视频存放在云端,本地无须部署服务器
智慧医疗	实现远程手术直播示教、指导和远程辅助医疗手术规划,远程急救等	通过 5G 网络大带宽、低时延特性,有效提升互动性和现场体验感;大幅度提升远程支撑急救机动性和急救能力
车联网	实现无人驾驶、高精度定位服务	通过 5G 网络实现高精度定位和大带宽、低时延的数据回传,实现人-车-路-云协调管理的智能通信系统
智慧媒体直播	高清直播、VR 沉浸式体验、在线赛事、新媒体的 4K 高清直播等	5G 网络的大带宽和低时延特性,实现电视就得高清直播以及全新视觉感知
智慧教育	远程课堂、教学分析、VR 教学互动,实时教学评估等应用	利用 5G 网络的高容纳性和低延迟性支持多种教学方式,通过 5G 与人工智能技术结合,实现通过学生表情及行为进行实时评估教学效果
智慧旅游	风景视频实时回传、VR 沉浸式体验、景区智能管理等	通过 5G 网络将无人机航拍的风景视频实时回传,并支持游客的 VR 沉浸式体验,通过无线网络协助景区加强巡检,实现智能管理
智慧制造	远程专家指导、人机协同、远程机器人的精确控制等以便机械臂在特殊场景下完成快速反应	利用 5G 网络的高带宽特性,实现高清视频回传,利用 5G 网络的低时延特性,实现远程机器人的精确控制,以及人机协同

从表 6.1.1 可以看出,垂直行业的需求是有差异的,各行业应用是非常细分的领域,这样也带来了网络能力的差异。

3GPP 针对不同应用场景研究了网络性能指标要求,TS22.261 将应用场景归类为运动控制、远程控制、监控、中高压电力配送以及智慧交通等应用场景。结合 3GPP 22.261 通过表 6.1.1 中所列出的应用场景进行分析,得出各应用对网络性能的要求如表 6.1.2 所示。

表 6.1.2 各垂直行业应用的网络性能需求

5G 垂直行业应用	端到端时延	用户体验速率	连接密度	服务区域范围
智慧警务	50 ms	1~100 Mbit/s	100 Gbit/(s·km²)	10 000 km²
智慧交通	10 ms	10 Mbit/s	100 Gbit/(s·km²)	沿道路 2 km
智慧生态	50 ms	1 Mbit/s	1 Tbit/(s·km²)	100 000 km²
智慧党建	50 ms	1~100 Mbit/s	10 Gbit/(s·km²)	1 000 km²
智慧医疗	10 ms	10 Mbit/s	10 Gbit/(s·km²)	1 000 km²
车联网	10 ms	10 Mbit/s	100 Gbit/(s·km²)	沿道路 2 km
智慧媒体直播	10 ms	1~100 Mbit/s	100 Gbit/(s·km²)	10 000 km²
智慧教育	50 ms	1~100 Mbit/s	100 Gbit/(s·km²)	1 000 km²
智慧旅游	50 ms	1~100 Mbit/s	10 Gbit/(s·km²)	10 000 km²
智慧制造	10 ms	10 Mbit/s	1 Tbit/(s·km²)	10 000 km²

5G 作为引领数字化转型的通用技术,将开启万物广泛互联、人机深度交互的新时代,推动社会向全面数字化、网络化和智能化转变。通过与工业、交通、农业等垂直行业广泛、深度融合,进而实现从支撑移动互联网向支撑各垂直行业全面数字化、网络化和智能化的全新转型,催生更多创新应用及业态,并进一步推动全社会数字经济发展。

5G 时代,通信运营商不仅要向个人客户提供基本通信产品,还要制定有针对性的垂直行业标准化、个性化、现代化解决方案,建立运营商、设备商、垂直客户的组织联盟,融合人工智能、机器人和物联网等其他技术,实现 5G 应用模式创新,从而实现价值延伸。

6.1.3　5G 网络对人工智能技术的支持

5G 网络对人工智能技术的支持

由于 5G 网络在各种关键能力上都得到了质的提升,高速率、低时延的泛在网络连接使通过网络和中心实现机器的深度学习,对智能机械进行人性化管理和控制成为可能。高速率、低时延的特性也使得机器的反应速度大大提高,语音识别的程序运行与理解也将更加迅速和准确。因此,5G 移动通信技术将进一步推动人工智能技术的发展,拓展人工智能的应用领域。

1. 智能家居

未来绝大多数家居、家电产品都是智能且互联的。5G 的连接能力和计算性能更为强大,能够同时连接更多的智慧家居终端,从普通家电逐步扩展到家居生活的各个领域。

随着 5G 网络的发展,单一功能、低功耗、低成本终端也将不断面世,提供更为简单直接的"开机即入网"的连接体验,无须适配现有家庭网络即可互联。

2. 车联网

广义的车联网是未来能够实现智能化交通管理、智能动态信息服务和车辆智能化控制的一体化网络,是物联网技术在交通系统领域的典型应用。

车联网应该是先进传感技术、网络技术、计算技术、控制技术和智能技术深度融合,通过对道路交通的全面感知,对每部汽车进行交通全程控制,对每条道路进行交通全时空管理,形成以车内网、车际网和车云网为基础,按照约定的通信协议和数据交互标准,在人、车、路、云之间形成数据共享和信息交换的大系统网络。

5G 技术的发展推动原有的车联网技术更进一步。通过车载终端、智能手机、路侧设备等终端设备交换行人位置、运输出行、车辆数据和交通运行数据,并输入自动驾驶的决策与控制系统,最终实现自动驾驶功能。

3. 机器视觉

所谓机器视觉技术就是一门融合多门学科知识的交叉学科,在该技术中包含人工智能、计算机科学、图像处理以及模式识别等技术知识。该技术主要是以计算机技术和电子技术为主,通过兼容图像处理、模式识别等功能,使其具有一定的视觉功能。

机器视觉技术通过计算机模拟人类的视觉功能,在部分事物的图像中提取相关信息,并对信息进行处理判断。在工业中,该技术经常被应用于产品检验中,可以对机械产品进行精细测量以及质量检测等。利用工业的高清视频和 5G,直接和后台的人工智能结合,能很好地发现质量问题,可以长期进行高效率生产,失误率小,精准度也高,从而促进制造业的发展。

4. 工业互联网

5G 网络将助力工业互联网实现设备的数字化和智慧连接。基于物联网终端采集到的数据,通过数据的可视化,保证实时了解现场状况,综合人员、设备、材料、生产、环境等全方位的数据,建立统一的沟通协同平台。

同时,监管部门也可以形成大数据指数,实现对工业互联网运行的实时监测、预警,形成产业发展变化的宏观指数。

5. 虚拟现实

5G 网络将提供更高的速率、更低的延迟以及更好的整体性能和可靠性。这对于 VR/AR 等领域的发展起着至关重要的作用。

虚拟现实是仿真技术的一个发展方向,与 AR/VR 相结合的高速率、低延迟的移动连接,对于模仿真实环境至关重要。5G 可以实现新级别的远程监控,实现安全操控,避免风险。

6. 智慧城市

5G 作为信息通信技术将助力解决城市化过程中的一些问题,在信息感知、汇聚、接入及传输层面成为智慧城市所需的信息高速路,为全面感知、智慧决策、智慧处理提供有力保障。

例如,24 小时的视频监控,辅以智能视频分析能力;应急指挥系统需要及时准确的通知,指挥调度;智能安保根据不同区域特点实行不同安全级别的管理;消防管理也可以利用 5G 实现无人智能巡检。

任务二   人工智能技术赋能 5G

5G 技术为人工智能提供更加坚实和牢靠的技术支撑和运作基础,使得人工智能技术可以应用到更广泛的实践领域。同时,利用人工智能可以使能 5G,更好地推动 5G 网络的建设。

随着新一代无线网络的推广,一批全新的无线服务将实现应用。然而新的网络系统较之以往更为复杂化、异构化、动态化,网络业务也跟随时代的发展和用户的需求呈现多元化和个性化,这给网络运营和维护带来更大的压力和挑战。人工智能技术在无线网络中有巨大应用空间和潜力,人工智能算法可提供的强大分析、判断、预测等能力,使能无线网络的设计、建设、维护、运行和优化等工作。

6.2.1   智能组网技术

网络情况动态变化,用户业务需求随时间空间不断产生变化,需要从

智能组网技术

中挖掘特征,聚焦流量变化趋势,使网络在忙时能做到负荷平衡,保证用户体验,在闲时能智能关断部分基站设施,达到节能降本的效果。利用众多场景网络的多维度历史流量和网络质量数据,结合时间和场景特征基于人工智能技术进行数据分析挖掘,综合网络实际需求,进行流量预测。通过处理从网络设备收集的大量数据,分析预测用户和无线网络的环境状态,从而实现数据智能驱动的全网组网决策。

在数据处理分析方面,由于无线网络设备和传感器数量众多且传感设备间有交叉传感,直接利用传感数据进行分析无法获取有效的信息。而基于神经网络的人工智能可采集处理无线网络中多个传感器的非直接特征,从而更准确地估计无线网络故障和其他破坏性事件并有效分配可用资源,促进复杂的无线网络设备协同运作,提高其对此类事件的适应能力。

5G 网络设计的重要技术之一是多种不同的无线接入技术。通过多无线接入技术集成,

移动设备可以同时通过 LTE、Wi-Fi 等多种无线接口传输数据,从而提高其性能。然而,频谱管理是多无线接入技术网络的一个关键技术,如何有效实现频谱共享是多无线接入技术网络的重要挑战。

人工神经网络是目前解决多无线接入技术网络频谱共享难题的有效方法之一:利用人工智能技术,多模基站可以实现在不同频段上的在线资源主动管理。系统可以根据环境变化调整天线方向、预测并适应用户的移动模式,从而提高通信质量。此外,人工神经网络还可以通过预测流量确定不同频段上的非高峰时间,提前响应传入需求并在需要时为其提供服务,以便可以在给定的情况下正确分配传入流量需求时间窗口。

6.2.2 智能网管技术

智能网管技术

运营商会部署各级网管系统平台,对网络和业务运行情况进行监控和保障。现网中如果网络设备出现故障和告警,一般由运维工程师根据历史经验和理论知识归纳总结出来的相关规则进行处理。传统运维方式存在处理效率低、实时性不强、运维成本高、问题前瞻性不够等缺点。

为了解决上述问题,以人工智能技术为基础,结合运维工程师的经验,构建一种智能化、自动化的故障处理监控系统功能模块,能够在通信网络中实现对故障告警的全局监控、处理,实时采集告警和网管数据并关联分析处理,进行灵活过滤、匹配、分类、溯源,对网络故障快速诊断,配合相应的通信业务模型和网络拓扑结构实现故障的精准定位和原因分析,并通过历史数据不断自学习实现故障预测,提升处理效率和准确性。

以虚拟现实为代表的一系列无线网络应用,需要追踪和适应用户的行为,以实现用户和网络功能之间的距离最优。在这方面,依托人工智能建立学习和模仿人类行为的模型,有助于创建无线网络以使其功能适应人类用户,从而创造一个真正身临其境的环境,并最大限度地提高用户体验质量。

6.2.3 智能网优技术

智能网优技术

网络优化的主要作用是保障网络的全覆盖及网络资源的合理分配,提升网络质量,保证用户体验,所以运营商在网络优化工作中投入了大量人力物力。网络优化涉及多个方面,如无线覆盖优化、干扰优化、容量优化、端到端优化等,传统网优工作一般依靠路测、系统统计数据分析、投诉信息等手段采集相关数据信息,再结合网优工程师的专家经验进行问题诊断和优化调整。在网络复杂化和业务多样化的趋势下,传统网优工作模式显得被动,处理问题片面化,难以保证优化质量,而且生产效率低,在网络动态变化的情况下难以保证实时性。

采用人工智能技术可以对网优大数据进行训练,并将大量的专家经验模型化,构建智能优化引擎,模拟专家思维驱动网络主动实时做出决策,进行主动式优化和调整,使网络处于最佳工作状态。

高质量的数据要通过整合网络相关运行、测试和信息数据来获取,数据源包括路测数据、MR 数据、性能数据、配置数据、工参数据、信令采集数据、告警数据、用户信息数据、投诉数据、互联网数据等。根据不同应用场景需求和特征,选择并关联有效的数据源,结合运维网优工程师的优秀工作经验,利用深度学习等人工智能技术对数据训练、调参,寻找影响无线网络质量的关键因素,以此来构建智能优化引擎。优化引擎能结合现网运行状态准确实时给出优化调整建议和决策,如天线下倾角和方位角调整、性能参数优化、邻区配置调整等,并进行相关自动化或者人工处理,保证网络质量处于良好水平。

习题与思考

1. 简述人工智能技术的概念。
2. 简述人工智能技术的三大流派。
3. 论述 5G 技术可以支持的人工智能应用领域。
4. 简述人工智能技术在 5G 网络建设和管理中的应用。

项目七　下一代移动通信技术

【项目说明】

理解第六代移动通信系统的需求和愿景,论述 6G 系统面临的技术挑战;探讨 6G 系统的支撑理论和潜在关键技术等内容。

【项目内容】

- 6G 移动通信系统的需求和挑战
- 6G 支撑理论和关键技术

【知识目标】

- 理解 6G 移动通信系统的需求;
- 理解 6G 移动通信系统的愿景;
- 理解 6G 移动通信系统面临的挑战;
- 了解 6G 系统支撑理论;
- 了解 6G 系统关键技术。

任务一　6G 移动通信系统的需求和挑战

7.1.1　6G 移动通信系统的需求

6G 移动通信
系统的需求

1. 6G 移动通信系统的概念

人们对美好生活向往的需求是移动通信系统持续发展的动力,也是下一代移动通信系统发展的方向。第六代移动通信系统(6th Generation Mobile Communication system,6G)是 5G 的下一代移动通信技术。6G 技术的传输速率比 5G 系统提升 100 倍,处理时延也可能从毫秒降到微秒级。6G 系统将是一个由地面无线网络、中低轨卫星、近地空间平台/无人机、飞行器等集成的系统,实现全球无缝覆盖。6G 系统不仅仅是通信,还包括认知和体验,进而实现智慧通信、深度认知、全息体验、泛在连接。

6G 系统的特征为全覆盖、全频谱、全应用。

全覆盖是指 6G 系统将实现人、机、物协同通信和超密集连接,并向天地融合发展,以实现全覆盖,应用边际持续扩大,覆盖继续向更深更广延伸;全频谱是指在深耕低频段、超低频段的同时,6G 系统将向毫米波、太赫兹和可见光等高频发展;全应用是指 6G 将面向全社会、全行业和全生态实现全应用,与人工智能、大数据深度交叉融合,颠覆现有技术途径。

6G 系统将采用毫米波、太赫兹和光波等频谱资源,具有超高的传输速率、超低的通信时延和更广的覆盖深度,同时融合地面移动通信、近地空间平台、无人机平台、中低轨卫星等技术,解决海陆空天覆盖等地域受限的问题,实现全球的无缝覆盖。

2. 6G 移动通信系统的需求

2019 年,全球首届 6G 峰会在芬兰举办,推出《6G 无线智能无处不在的关键驱动与研究挑战》白皮书,为世界描绘了 6G 系统的需求:

(1)随着新型传感器技术、图像处理技术、视频处理技术、显示和成像技术的发展,通过超高的网速实现超高的分辨率、帧速率,并能提供虚拟现实、增强现实、混合现实服务,与我们的感官和运动实现无缝连接;

(2)高分辨率的成像技术、可穿戴显示设备、超高速的无线网络将使实时捕捉、传输和渲染 3D 图像的远程全息成为现实,这将会在远程办公、远程教育、协作设计、远程医疗、高级三维模拟和训练中广泛应用;

(3)2030 年以后,全球将有百万级以上自动驾驶车辆、无人船和无人机接入通信网络,这些自动驾驶车辆、无人船和无人机装备大量传感器,包括激光、红外、雷达、摄像机、GPS 等,感知环境参数,选择最优路径,完成指定任务。

3. 6G 移动通信系统的场景

6G 三大场景包括:

(1)甚大容量与极小距离通信,包括超越 AR/VR、全息通信、高吞吐量($>$Tbit/s)、全息传送($<$5 ms)、数字感官、定性沟通协调流等;

(2)超越"尽力而为"与高精度通信,包括无损网络、吞吐量保证、时延保证(及时保证/准时保证/协调保证)、用户—网络接口;

(3)融合多类网络,包括卫星网络、互联网规模的专用网络、移动边缘计算、专用网络/特殊用途网络、密集网络、网络—网络接口、运营商—运营商。

7.1.2 6G 移动通信系统的愿景

6G 移动通信系统的愿景

6G 系统目标是满足 10 年后的信息社会需求,6G 系统愿景可表征为:"智慧通信""深度认知""全息体验""泛在连接",实现无缝融合的人与万物智慧互联。

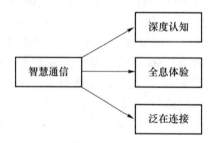

图 7.1.1 6G 系统愿景

1. 智慧通信

未来 6G 系统将会面临诸多挑战:更复杂、更庞大的网络,更多类型的终端和设备,更加复杂多样的业务类型。移动通信系统与人工智能结合,让人工智能更好地赋能网络成为必然趋势,充分利用 AI 先进理论和技术来解决这种复杂需求几乎是必然的选择。

智慧通信就是利用 AI 先进理论和技术来解决通信系统中的一系列问题,实现赋能智能通信,包括网元与网络架构的智能化、连接对象的智能化、承载的信息支撑智能化等业务。

2．深度认知

6G 系统接入需求将从深度覆盖演变为"深度认知"。

其特征可以概括为:

- 深度感知:触觉网络;
- 深度学习:深度数据挖掘;
- 深度思维:心灵感应等。

3．全息体验

6G 系统提供高保真 AR/VR、全息通信等需求,保证人们享受完全沉浸式的全息交互体验。

"全息体验"的特征可以概括为:全息通信、高保真 AR/VR、随时随地无缝覆盖的 AR/VR。

4．泛在连接

泛在连接即广泛存在的通信,它以无所不在、无所不包、无所不能为基本特征,以实现在任何时间、任何地点、任何人、任何物都能顺畅地通信为目标。

泛在连接就是实现全地形、全空间立体覆盖连接,即"空—天—地—海"随时随地连接。对比"深度认知","泛在连接"强调地理区域的广度。

7.1.3　6G 移动通信系统的挑战

为实现 6G 系统的愿景,满足未来通信需求,需要考虑如下几项技术挑战。

6G 移动通信
系统的挑战

1．超高峰值速率业务

6G 系统将采用新频谱,进一步提升峰值速率,峰值速率将达到 Tbit/s 级别。面向未来,人们对移动互联网大流量应用(AR、VR、触觉互联网、全息体验等)的需求及万物互联的速率需求将十分巨大。

2．超海量接入需求

万物互联的场景下,机器类通信、大规模通信大量存在。到 2030 年,将有上千亿部移动设备实现互联;物联网应用领域将扩展至各行各业,M2M 终端数量将大幅激增,应用也将无所不在。

3．超高能耗问题

从运营商角度来看,基站端 5G 能耗是 4G 系统的十几倍。基站端能耗高的问题同样存在于手机端,而目前锂电池的电量容量无法维持较高续航。未来 6G 系统拥有超海量、无处不在的无线节点和传感器,将带来超高能耗问题。

4．超广泛在通信网络

超广泛在通信网络即空天地海泛在通信网络。6G 系统将向空天地海空间不断延伸,为人们提供无处不在、无时不在的信息基础设施,真正实现随时随地的连接及通信需求。

任务二　6G 支撑理论和关键技术

7.2.1　6G 系统支撑理论

6G 系统支撑理论

支撑 6G 系统最具可能性的基础理论包括空间信息论、压缩感知理论和人工智能理论等。

1. 空间信息论

空间信息论是由香农理论发展而来的信息论的基本理论，它主要是应用概率论、随机过程和现代数理统计方法研究信息提取、传输和处理的一般规律，以提高信息系统的有效性和可靠性。研究者将所能获取到的距离、方向和幅度信息统称为空间信息，从而开展空间信息论的研究。

6G 系统中采用空天地海泛在通信网络，使用新频谱、超大规模天线技术、非正交多址接入、定位技术等，包含大量理论基础问题，其中最核心的基础问题就是空间信息论。

2. 压缩感知

压缩感知（Compressive Sensing，CS）理论是近年来诞生的一种新的信号处理理论，主要包括稀疏信号的采集与恢复技术。压缩感知理论通过分析信息在信号中的结构，充分利用压缩感知的稀疏性或可压缩性，对信号进行采集的同时进行适当压缩，以达到降低数据处理、数据存储以及数据传输成本的目的。

压缩感知理论主要可以分为三个部分：首先是稀疏信号的表示；其次是测量矩阵的设计；最后是恢复信号的重构算法设计。在未来 6G 移动通信系统中，压缩感知理论可广泛应用于超大规模天线设计、无线触觉网络、超宽带频谱感知等。

3. 人工智能

移动系统的复杂性、连接设备的数量"剧增"将导致系统从经验中自我学习、自我优化、自我进化并灵活地提供各类新服务。未来 6G 移动通信系统将与人工智能结合，移动通信与人工智能将以相互交叉、相互协同、相互赋能的关系共同发展、共同研究，并非是完全独立的技术领域，其将分别从网络业务运营智能化、客户管理智能化、业务提供智能化来逐步实现移动通信网络智能化。这将使得移动通信网络进入一个新阶段。但这也将是一个漫长的过程，还需要人工智能的不断发展，需要硬件计算能力的进一步提升，需要神经形态计算和跨媒体智能计算等强大的信息处理能力来为用户数量大、业务范围广、全新业务不断涌现的 6G 移动通信网络提供超级智能大脑。

6G 时代的移动通信系统面向"万智互联"，将形成具备智慧的移动网络。面对高速率、低时延的 6G 移动通信网络，可以预见在未来通信中存在大数据传输、大数据处理以及大数据存储等，将大量使用强化学习、深度学习等人工智能方法，以智能高效的方式处理大数据和管理无线移动通信资源。

7.2.2　6G 系统关键技术

6G 系统关键技术

为了支持未来 6G 网络集成地面通信与卫星通信的全链接目标,实现全球无缝覆盖,实现万物互联,6G 将采用全新的关键技术以支持传输速率、容量以及组网等问题。

1. 太赫兹通信

太赫兹频谱是随着当前频谱资源枯竭而发展起来的全新频谱资源,指频率在 $0.1 \sim 10$ THz 范围内的电磁波。太赫兹频谱通信具有频谱资源带宽宽、传输时延低、传输速率高等优势,是未来 6G 移动通信系统极具吸引力的宽带通信技术。太赫兹频谱既有微波的特性,又有光波的特性,主要表现为穿透性强、带宽宽、低量子能量等,对于未来 6G 移动通信系统中的大数据实时传输是一种不可多得的有效技术手段。

与微波通信相比,太赫兹通信载波频率更高,穿透能力更强;传输带宽更宽,能获得更大的信息传输容量;波长更短,更容易将设备小型化、便携化。与激光通信相比,太赫兹通信具有大气吸收能力强的特点,对于短距离空间保密通信更有效;波束宽度适中,太赫兹通信对于平台的稳定性要求较低。

2. 可见光通信

可见光通信技术是将高速互联网架设在照明设备上,利用肉眼无法区分的光照闪烁来传递信号信息,这种短距离无线通信方式能够覆盖室内灯光达到的范围,对于任意家用的物联网设备,不再需要进行有线连接。可见光通信技术能有效解决当前射频通信频带紧张的问题,因此可见光通信技术具有广阔的实际应用需求和研究价值。

可见光通信技术具有广泛的应用场景:室内无线局域网、水下可见光通信以及卫星之间的可见光通信等,可见光通信在未来移动通信中具有不可替代的作用,值得研究者们进行深入的可见光通信技术研究,并针对不同的应用场景给予特殊的优化处理。

3. 非正交多址接入

非正交多址接入(Non-Orthogonal Multiple Access,NOMA)技术的核心思想是在发射端为每一个用户分配非正交的通信资源。其发射端变成为不同的用户在时域、频域或者码域上叠加传输,非正交多址接入技术的核心在于为接收端提供先进的接收算法以分离用户信息。该技术能够满足快速增长的用户需求,其优势主要体现在以下三个方面:

(1)更高频谱效率,更大容量,更高速率;

(2)实现简单,易与 MIMO 技术结合,可有效提升系统容量;

(3)在减低功耗、延迟、实现复杂度等方面具有先天优势。

当前的非正交多址技术还存在接收机复杂度过高、接收端处理难度随着用户数的增加而快速增长、多用户检测的特征图样较难、多用户检测消息传递算法计算复杂度较高等问题,但是非正交多址接入具有的高频谱效率、高连接密度和大系统容量等优点,使学术界和工业界都认为其将是未来 6G 移动通信系统中解决多用户问题不可或缺的关键技术之一。非正交多址接入技术的主要吸引力在于解决了传统正交多址接入技术中效率低的问题,同时还能进一步提升通信系统容量,它必将在未来移动通信中得到更广泛的研究与应用。

4. 超大规模天线技术

当把 THz、Sub-THz、可见光的新增频谱用于 6G 时代的移动通信系统之后,将需要运营商们能以更多天线系统传播信息,以获得更大的吞吐量。因此,在未来 6G 移动通信系统中,超大规模天线技术提供很大的空间分集,将是提升 6G 移动通信系统频谱效率的关键技术之一。

对于未来 6G 通信系统的需求和挑战,大规模天线阵列技术将着力于解决以下问题:

(1)理论突破:实现大规模天线跨频段、高效率、全空域覆盖的射频理论突破。

(2)技术实现:解决高集成射频电路面临的低功耗、高效率、低噪声、抗干扰等多项理论射线技术。

(3)集成设计:大规模阵列天线和高集成射频电路联合设计,实现高性能大规模波束成型网络设计技术。

5. 频谱认知技术

为了解决 6G 移动通信系统的频谱需求,一方面,需要寻找新的频谱资源;然而,频谱资源总是有限的,充分利用频谱资源就显得尤为重要。另一方面,需要改变当前频谱资源的使用规则,提高频谱利用率。

当前的频谱使用通常采用授权载波使用方式,即静态频谱划分使用规则,为提升频谱资源利用率,应以更加灵活的方式分配和使用频谱资源。显然,打破传统的独占式静态频谱资源使用规则,以共享的方式充分利用频谱资源】是未来 6G 移动通信最好的选择。

动态频谱资源共享方案会根据自身的网络业务需求动态申请和动态释放频谱资源,尽可能实现最大频谱资源利用率。频谱资源共享方式对于频谱资源稀缺的运营商来说极具吸引力。然而,要实现频谱资源共享,将面临更多的技术挑战,其中最大的挑战就是信道间的干扰问题。例如,怎样既能解决网络中不同物理信道的相互干扰,又能提升业务信道在共享频谱方式中的整体频谱利用率,就需要设计一套强大的算法。其实,频谱资源共享技术还需要解决很多关键性问题。

6. 新电池与无线能量传输

6G 时代需要固态电池、石墨烯电池等新电池技术,具备更高能量、更低成本、更长续航里程、更便于携带等特性。无线能量传输在一定条件下可能是延长电池使用寿命、避免频繁充电的可行方法。

7. 定位技术

定位技术是未来 6G 移动通信系统中的关键技术之一,然而传统的 GPS 或者蜂窝定位方法难以实现室内高精度定位,将无法满足未来 6G 通信中的定位需求,研究 6G 移动通信系统中辐射源新型高精度、低复杂度的定位方法显得尤为重要和迫切。

8. 优化的编码方式

在正在商业化的 5G 移动通信系统中,极化码虽然已经被确定为 5G 信道编码标准,但极化码在很多方面仍然存在很大的优化空间,如编码构造和译码算法。对于未来 6G 移动通信系统中灵活多变的业务需求,基于差异化原理编码的极化码更适合作为其编码标准。

因此,有必要进一步对极化码的编码构造理论和方法进行研究,以及展开对低复杂度的译码算法的进一步研究。另外,未来 6G 移动通信系统面向的是高速率的大数据传输,极化编码 MIMO 系统能够满足这一性能要求,并且能获得更好的性能优势。

习题与思考

1. 简述 6G 技术的系统需求。
2. 简述 6G 技术的愿景。
3. 论述 6G 技术面临的挑战。
4. 列出 6G 技术的支撑理论。
5. 列出 6G 技术的关键技术。

参 考 文 献

[1] 3GPP. Publication of the first 5G new radio specifications[S/OL]. 2017. http://www.3gpp.org.

[2] Cisco. CiscoVisual Networking Index：Forecast and Methodology 2017—2022[S/OL]. 2018. http://www.cisco.com.

[3] 3GPP. TS23.501. System Architecture for the 5G System；Stage 2[S]. 2018.

[4] 3GPP. TS23.502. Procedures for the 5G System[S]. 2015.

[5] 3GPP. TR23.799. Study on Architecture for Next Generation System[S]. 2015.

[6] 3GPP. TR38.801. Study on New Radio Access Technology：Radio Access Architecture and Interfaces [S]. 2015.

[7] 3GPP. TR22.891. Feasibility Study on New Services and Markets Technology Enablers [S]. 2016.

[8] 3GPP. TR38.913. Study on Scenarios and Requirements for Next Generation Access Technologies[S]. 2017.

[9] 3GPP. TS38.401. NG-RAN：Architecture description[S]. 2018.

[10] 10.3GPP. TS23.501. System Architecture for the 5G System[S]. 2018.

[11] 3GPP. TS38.001. Study on new radio access technology：Radio access architecture and interfaces [S]. 2017.

[12] 3GPP. TS32.867. Study on management enhancement of Control and User Plane Split (CUPS) of Evolved Packet Core (EPC) nodes[S]. 2018.

[13] 3GPP. TS38.201. Physical layer；General description[S]. 2018.

[14] 3GPP. TS38.211. Physical channels and modulation[S]. 2019.

[15] 3GPP. TS38.212. Multiplexing and channel coding[S]. 2019.

[16] 3GPP. TS38.104. Base Station(BS) radio transmission and reception[S]. 2018.

[17] 丁奇,阳桢. 大话移动通信[M]. 北京：人民邮电出版社，2011.

[18] 杨波,周亚宁. 大话通信——通信基础知识读本[M]. 北京：人民邮电出版社，2009.

[19] 马芳芳,刘永乾,胡智娟. 数字移动通信系统原理及工程技术[M]. 北京：高等教育出版社，2003.

[20] 段丽,胡智娟,许菁菁. 移动通信技术[M]. 北京：人民邮电出版社，2009.

[21] 蔡跃明,吴启辉,田华,等. 现代移动通信[M]. 北京：机械工业出版社，2017.

[22] 杨燕玲. LTE 移动网络规划与优化[M]. 北京：北京邮电大学出版社，2018.

[23] 杨燕玲,李华. 5G 关键技术及网络部署[M]. 北京：北京邮电大学出版社，2019.

[24] 史治平. 5G 先进信道编码技术[M]. 北京：人民邮电出版社，2017.

[25] 杨峰义,张建敏,王海宁,等. 5G 网络架构[M]. 北京：电子工业出版社，2017.

[26] 杨峰义,谢伟良,张建敏,等.5G 无线网络及关键技术[M].北京:人民邮电出版社,2017.

[27] 陈鹏,刘洋,赵嵩,等.5G:关键技术与系统演进[M].北京:机械工业出版社,2016.

[28] 杨燕玲,周海军.车联网技术与应用[M].北京:北京邮电大学出版社,2019.

[29] IMI-2020(5G)推进组.5G 概念白皮书[S].2015.

[30] IMI-2020(5G)推进组.5G 愿景与需求[S].2015.

[31] IMI-2020(5G)推进组.5G 网络架构设计白皮书[S].2016.

[32] 中国移动通信有限公司研究院.迈向5GC-RAN:需求、架构与挑战白皮书[S].2016.

[33] 中国移动通信有限公司研究院.5G C-RAN 无线云网络总体技术报告[S].2017.

[34] 中国移动通信有限公司研究院.下一代前传网络接口(NGFI)白皮书[S].2015.

[35] 中国联合网络通信集团有限公司.中国联通 5G 网络演进白皮书[S].2016.

[36] 中国电信集团有限公司.中国电信 5G 技术白皮书[S].2018.

[37] 李芃芃,郑娜,伉沛川.全球 5G 频谱研究概述及启迪[J].电讯技术,2017(6):734-740.

[38] 刘明,张治中,程方.5G 与 Wi-Fi 融合组网需求分析及关键技术研究[J].电信科学,2014(8):99-105.

[39] 张建敏,谢伟良,杨峰义.5G 超密集组网网络架构及实现[J].电信科学,2016(6):36-43.

[40] 张平,陶运铮,张治.5G 若干关键技术评述[J].通信学报,2016(7):15-29.

[41] 尤肖虎,潘志文,高西奇,等.5G 移动通信发展趋势与若干关键技术[J].中国科学:信息科学,2014(5):551-563.

[42] 许阳,高功应,王磊.5G 移动网络切片技术浅析[J].邮电设计技术,2016(7):19-22.

[43] 月球,肖子玉,杨小乐.未来 5G 网络切片技术关键问题分析[J].电信工程技术与标准化,2017(5):45-50.

[44] 李子姝,谢人超,孙礼,等.移动边缘计算综述[J].电信科学,2018(1):87-101.

[45] 聂磊.5G 无线网络规划设计工作需满足四大要求[J].通信世界,2016(33):41-42.

[46] 董江波,刘玮,任冶冰,等.5G 网络技术特点分析及无线网络规划思考[J].电信工程技术与标准化,2017,30(1):38-41.

[47] 闫渊,陈卓.5G 中 CU-DU 架构、设备实现及应用探讨[J].移动通信,2018,42(1):27-32.

[48] 杨骅.全球 5G 标准、频谱规划与产业发展素描[J].中国工业和信息化,2018,1(05):26-35.

[49] 郭琦.超密集组网的关键技术研究[J].电子世界,2018(16):147-148.

[50] 王威丽,何小强,唐伦.5G 网络人工智能化的基本框架和关键技术[J].中兴通信技术,2018(4):38-42.

[51] 谢德胜,柴蓉,黄蕾蕾,等.面向 5G 新空口技术的 Polar 码标准化研究进展[J].电信科学,2018(8):62-75.

[52] 孙韶辉,高秋彬,杜滢,等.第 5 代移动通信系统的设计与标准化进展[J].北京邮电大学学报,2018,41(05):30-47.

[53] 劳兴松,李思敏,唐智灵.大规模 MIMO 系统的贝叶斯匹配追踪信道估计算法[J].广西科技大学学报,2017(2):8-16.

［54］ 张臻. 大规模天线在 5G 通信网络中的应用［J］. 电信快报，2018，567（09）：13-15.

［55］ 刘爽，吴韶波. V2X 车联网关键技术及应用［J］. 物联网技术，2018，8（10）：45-46＋49.

［56］ 江巧捷，于佳. LTE-NR 双连接关键技术及应用［J］. 移动通信，2018，42（10）：38-43.

［57］ 于黎明，赵峰. 中国联通 5G 无线网演进策略研究［J］. 移动通信，2017（18）：54-59.

［58］ 谭华，林克. 物联网热点技术及应用发展分析［J］. 移动通信，2016，40（17）：64-69.

［59］ 王敬. 移动互联网技术的发展趋势和热点业务［J］. 通信世界，2016（23）：15-16.

［60］ 孟猛，朱庆华. 移动社交媒体用户持续使用行为研究［J］. 现代情报，2018，38（01）：5-18.

［61］ 郑巍，张紫枫，潘浩. 移动社交网络的多重分形影响因素分析［J/OL］. 计算机工程，https://doi.org/10.19678/j.issn.1000-3428.0052257.

［62］ 齐琦. 社交阅读的特点与编辑思维的转变［J］. 出版广角，2018，324（18）：85-87.

［63］ 张凤霞. 我国移动阅读发展浅析［J］. 出版广角，2018（1）：39-41.

［64］ 董一民，张弛. 5G 网络背景下人工智能技术应用的探讨［J］. 信息通信技术与政策，2018（9）：45-48.

［65］ 黄堂森，何健俊. 5G 在人工智能上的应用［J］. 信息技术与信息化，2019（8）：54-55.

［66］ 张小飞，徐大专. 6G 移动通信系统：需求、挑战和关键技术［J/OL］. 新疆师范大学学报（哲学社会科学版），https://doi.org/10.14100/j.cnki.65-1039/g4.20101119.001.

［67］ 杨雨仓，宋佳佳. 人工智能在网络运维优化中的应用探讨［J］. 邮电设计技术，2018，514（12）：37-40.

［68］ 詹文浩，戴国华. 全频谱接入现状与技术分析［J］. 移动通信，2016（17）：45-48.

［69］ 李进良. 为了 5G 频谱规划应对 2G 清频 3G 共享［J］. 移动通信，2019（02）：13-18.

［70］ 黄欣荣. 改变未来世界的 6G 网络新技术［J/OL］. 新疆师范大学学报（哲学社会科学版），https://doi.org/10.14100/j.cnki.65-1039/g4.20191228.001.

［71］ 钟旻. 毫米波在 5G 中的应用［J］. 数字通信世界，2018（12）：4-7.

［72］ 李炳银. 机器视觉及其在制造业中的应用分析［J］. 数字通信世界，2017（09）：103.